内心强大
淡定优雅

程 普◎著

中国纺织出版社

内 容 提 要

一个年轻的女孩，青春靓丽的容颜固然是一道美丽的风景，但真正给人带来审美愉悦感的是她的修养。一个修养好的女孩无论是举手还是投足，都会从礼仪出发，让人赏心悦目。

本书正是针对初入社会的女孩这一群体，总结了需要提升的修养细节，内容涉及形象打造、品格塑造、心态修养、内涵培养、文艺修养、语言锻造等各个方面，以帮助广大的年轻女孩提高修养，调节人际关系，以其成为有品位、美丽、幸福的现代女人。

图书在版编目（CIP）数据

内心强大　淡定优雅 / 程普著.－－北京：中国纺织出版社，2018.6
ISBN 978-7-5180-4946-2

Ⅰ.①内… Ⅱ.①程… Ⅲ.①个人—修养—通俗读物
Ⅳ.①B825-49

中国版本图书馆CIP数据核字（2018）第079336号

责任编辑：闫 星　　特约编辑：李 杨　　责任印制：储志伟

中国纺织出版社出版发行
地址：北京市朝阳区百子湾东里A407号楼　邮政编码：100124
销售电话：010—67004422　传真：010—87155801
http：//www.c-textilep.com
E-mail：faxing@c-textilep.com
中国纺织出版社天猫旗舰店
官方微博http://weibo.com/2119887771
北京市密东印刷有限公司　各地新华书店经销
2018年6月第1版第1次印刷
开本：710×1000　1/16　印张：13
字数：178千字　定价：36.80元

凡购本书，如有缺页、倒页、脱页，由本社图书营销中心调换

在我们的生活中，可以发现有这样两类女孩：一类女孩，她们优雅、知性、宽容、大度、积极、乐观、心态平和，无论遇到什么事都能坦然面对，在她们眼里，幸福是那么简单。然而，也有另一类女孩，她们蓬头垢面、面色灰暗、无精打采，她们感到自己过得并不如意，有个别的甚至觉得幸福对于她来说是件稀罕事。诚然，在这些认为自己过得不如意的女性中，存在着各种各样的原因。

归根到底，是什么导致了两类女孩截然不同的两种生活状态？是修养！事实上，没有哪个女孩不希望自己卓越，也没有哪个女孩不希望自己气质高贵，更没有哪个女孩不喜欢自己成为人群中一道亮丽的风景。那么如何做到呢？这需要从提升自己的修养开始。

其实，女孩的修养是一股无形的力量，一个女孩，一旦致力于提升自己的修养，她必将开创优雅和精致的人生。一个有修养的女孩，时刻能传达出迷人的气息，更能深深吸引周围的人。无论是妆容、气质、品位、礼仪还是心态，都散发着迷人的魅力。

有修养的女孩才会幸福，因为女孩的幸福并不是别人给予的，也不能寄托在别人身上，而是需要自己去创造，去争取的。这个过程就是提升修养的过程。这需要女孩们从以下几个方面努力。

装点美丽：女孩的美丽是"妆"出来的。漂亮的女孩不如可爱的女孩，可爱的女孩不如有品位的女孩。有品位的女孩不一定有多漂亮，但她一定是一个耐看的女孩，透过她的装扮、她的爱好甚至举手投足都能感受到她高贵的气息。

积极心态：有什么样的心态，就有什么样的人生。积极乐观的心态是女孩家庭幸福、事业成功的根本，是女孩展露笑靥与展现风姿的源泉，它不仅让女孩快乐一生，更能让女孩幸福一生。

完美心性：真正的幸福是用心感知的。女孩要想获得真正的幸福，首先要修炼心性，一个有修养的女孩，对世间万事万物便能泰然处之，待人处事不温不火，处处彰显自己和善仁慈的女性魅力！

身体力行：福就像幸运女神一样，不会自己主动上门，需要我们努力奋斗，勤奋作为，苦苦寻觅，真心地迎接幸福的姗姗到来。

……

但谁又能做得如此完美呢？女孩如怒放的鲜花，如果你不知道如何让你的花期永开不败，如果你不知道如何让你的姿态更趋完美，那就让这本书来告诉你吧！它会帮你敲开幸福之门！本书中所讲述的服饰妆容、礼仪学习、说话谈吐、职场细节等，将从一点一滴处帮你改善和提升你的魅力，让你的人生增值！

编著者

2018年2月

目 录

第 1 章
形象打造：内外兼修，尽显女孩优雅风姿

人人都有爱美之心，对于女孩来说，外在的形象往往是人际交往的敲门砖，不修边幅的女孩毫无美感可言，然而，天生丽质的女孩毕竟是少数，大多数女孩的美丽是靠后天培养的，是通过修炼和打扮而来的。那么，对于一个女孩来说，如何通过后天的修饰和雕琢让自己看起来更有修养、更显气质呢？本章将给予答案。

内外兼修的女孩更优雅

"美丽教主"伊能静有一句名言："一个女孩只有内外兼修，才能天下无敌。"在这个世界上，女孩本身就是一道美丽的风景，这道风景令男人沉醉且着迷。如果要问：怎样的女孩才是美丽的女孩？或许，女孩应如茶，外表清新淡雅，内在香味隽永。只有内外兼修的女孩才当得起"美丽"的盛名。有人说："女孩二十岁时美在青春，三十岁时美在韵味，四十岁时美在成熟，五十岁时美在内敛，六十岁时美在容平。"这一路上的风景，可谓各有千秋。高素质的女性既要注重内在的涵养，也要提升自己的外在形象美，如此才会成为内外兼修的美丽女子。

内外兼修的女性如同一棵枝叶繁茂的梧桐，"枝叶"性感且抢眼，将她优雅多姿的韵味展露无遗。一个女孩若是没有内涵，那么她的"树叶"便无法繁茂。所以，女孩在装扮外在的同时，千万不要忘记充实自己。生活中，你可以通过阅读来拓展自己的视野；可以学习插花或茶道来寻求内心的安详与宁静；可以利用旅行来释放内心。

初见悦平，她拥有南方女孩温婉、娇小和可爱的特质，个性率直。她说："我生活快乐的指数一直都很高。"因为个性乐观积极，她每天都过得很充实。悦平说："做一个内外兼修的幸福小女孩，是我对人生的期待。"仔细观察她，双眸闪亮，脸色红润，笑起来露出两个小酒窝；再化个淡妆，自然却动人。她并不是那种让人一见倾心的女孩，但却会给人一

种很舒服的感觉。

悦平的性格很好，她善解人意，活泼开朗。或许因为常年与文学做伴，偶尔会有点伤感，但是感伤过后，她又会安慰自己："世间本无事，庸人自扰之。"

大学毕业后，悦平选择留在南方的那座小城市，吸引她的是湛蓝的天空，广阔而宁静的海湾，她渴望在这座美丽的城市中过自己想要的生活。忙碌的工作之余，悦平会邀请三五好友爬爬山、泡泡茶、聊聊天或做做家务，将快乐融入每天的平凡与琐碎中。在悦平看来，这就是幸福。谈到她的兴趣爱好，悦平回答："很多只要能让生活变得快乐、有活力的事，我都愿意尝试。"DIY、瑜伽、健身、唱歌、读书和散步，组成了悦平最简单、悠闲的业余生活。

这样看来，悦平算是一个懂得内外兼修的幸福小女孩。

美丽，可能是每个女孩一生追求的目标。当然，美包含外在和内在两方面。从古至今，女性追求的美丽不外乎外在的丽质与内在的高雅气质。为了这种内外兼修的美丽，女孩乐此不疲地装扮自己，不断提升内涵，从而成为一个内外兼修的女孩，即高素质的女性。

如果我们的心灵已然美丽，那么对于外在的美丽是不是也需要付出些努力呢？如果我们可以做到内在丰盈，外在靓丽，人生一定会更有意义！古人曰："腹有诗书气自华。"女孩的气质与优雅是由内而外散发出来的，女孩对于自己外表的装扮多源于内心的修养，如此内外兼修，才会成为高素质的女性。

刘琳认为："对女孩而言，'面子'的问题只是冰山一角，相由心生，容颜下的根源，是心。心舒展了，面容才会舒展；情绪舒缓了，容颜才能美丽。女孩要做三养，即养颜、养身和养心。"在朋友的眼中，刘琳就是位内外兼修的女孩。每次出现在人前时，她都妆容精致、衣着淡雅且谈吐自信，让人无法忽略她的雅致与美丽。

闺密们对她每天出门时都能从容又高效地搭配好服饰感到非常惊奇，

而她对于日常穿着打扮自有一套办法。"我在闲暇时，会用相机拍下自己的每双鞋，然后贴在鞋盒的显眼处。每周末，我都会安排好下周的服饰搭配。这样，我就无须每天早上起床时为当天要穿哪件衣服而伤脑筋了。"

对于充实自己的内涵，她也很有经验。"每天睡觉前，我都有阅读的习惯，有时是名著，有时是小说，睡前读上十几页，陶冶情操。而且，我还有每天写日记的习惯，记下每天让我快乐的人和事，在难过的时候拿出来重温快乐的时光，留住生活中美好的片断，我不希望把不愉快的情绪留到明天。"

内外兼修的女孩仿佛是淡雅幽远的香茗，或许并不绚丽，但一定优雅健康；或许并不耀眼夺目，但一定自信从容。她们拥有清新的容颜，温婉的回眸，淡定的举手投足，浑身上下散发着独特而持久的魅力。花是用来欣赏的，而内外兼修的女孩是用来读的。

优雅女孩时刻保持完美妆容

有人说："女孩的美丽是'妆'出来的。"并非所有女孩都天生丽质，大多数人的五官或多或少都会有点瑕疵，或肤色暗黄，或眼睛不够大，或眉毛太淡……似乎，天下所有的女孩都在为自己不够完美的容颜而懊恼。其实，要想保持美丽的容颜，需要借助一种"魔法"，那就是"化妆"。化妆是一门美的艺术，它可以让相貌平平的女孩变得漂亮起来，从而大大提升其形象魅力。每个女孩的美丽都是独一无二的，化妆并不是为了与别人攀比，而是让自己变得更美丽，从而散发自信的风采。女孩一定要保持完美的妆容，动人且自然。

适当化妆，不仅可以展现女性的美丽，也是对别人的一种尊重。对于化妆，相信大多数女性或多或少都了解一些，甚至有的女孩天生就是"魔法大师"，她们能创造出属于自己的独特美丽。女孩的形象修养也包括化

妆环节，只有完美的妆容才能展现出女孩应有的修养与美丽。何谓完美妆容？简单地说，也就是动人且自然的妆容。化妆是为了增添美丽，但如果妆容太浓艳或太夸张，反而适得其反。完美的妆容是脸上没有化妆的痕迹，却明亮动人，或大方，或温柔，或浪漫，或狂野……

第一天上班，为了表示对上司和同事的尊重，小雅化了个妆。这是她第一次化妆，描眉、抹唇、搽粉……两个小时下来，小雅觉得自己的妆差不多了，耀眼的腮红、黑黑的眼线和红红的嘴唇。电视上的女孩不都是这样化的吗？小雅没多想，就收拾东西出门了。

等公交车时，小雅感觉许多人正盯着自己，她心中窃喜，原来化妆有这么大的魅力！她拂了拂披散在肩上的头发，根本没注意到旁边一位大爷不屑的眼神。上了公交车，人们的眼神变得奇怪起来，有人忍不住议论："怎么有人喜欢把自己的脸化得像猴屁股一样。"旁边的人边笑边看着小雅。站在小雅旁边的女孩说："小丫头，化妆可不是像你这样化的，一定要自然才能动人。"小雅的脸红了，腮红看起来更刺眼了。

化妆是值得女孩认真学习的一课，女孩的形象美并不只来自美丽的眼睛或细腻的肌肤，还源自于整体的妆容效果。完美的妆容是女孩用智慧和修养精雕细琢出来的，那份与身体的和谐，才能恰到好处地展现出女性的美丽。在时尚潮流涌进的今天，自然妆容最受女性的青睐。什么才算自然妆容呢？其实就是效果自然，又能打动人的妆容。

对女性来说，在日常的社交活动中，会不可避免地需要用化妆来修饰自己。下面就简单地介绍一下化妆的步骤、技巧及一些化妆过程中需要注意的问题。

1.化妆的步骤

（1）用粉底修饰脸型。上妆前，需要明确自己的脸型及适合的眉形，同时还要确定粉底的颜色。选择有光泽还是无光泽的粉底，主要依据你的肤质，油性肌肤容易出油而造成脱妆，所以油性肌肤应使用无光泽的粉底；干性肌肤则宜选用有光泽的粉底。

你可以利用明暗色能呈现宽或窄的方法来修饰肤色和脸型。如果两颊过宽或者颧骨过宽，可以使用深色的粉底来修饰；如果额头较窄、颧骨扁平或下巴较短，则可以使用白色或亮色的粉底来修饰。为了呈现出均匀、柔和的粉底效果，用柔软的海绵来擦匀粉底，效果更理想。

（2）上粉。粉底的颜色必须非常接近肤色，选择的标准是上完妆后，脸部肌肤的颜色应与颈部的肤色相同，这才自然。上粉时需用粉刷蘸粉，再由脸部上方至下方、由中至外的顺序刷上粉底，最好使用附有过滤网的蜜粉，可避免蘸粉量过多，导致粉妆不均匀。外出时，经常会遇到需要补妆的情况，携带多用途的水粉饼最方便，因为它兼具粉底和蜜粉的功效。

（3）腮红。肤色漂亮的女性，选用任何色系的彩妆效果都很好；如果脸色苍白，则比较适合寒色系的彩妆。选择合适色系的腮红，刷上眼睑，连接至颧骨与脸颊处，位置约为眼下两指及鼻翼两侧两指处，由下向上刷。每次涂刷时腮红量要少量，可多刷几次直至完美，才不会因颜色太浓重而不自然。脸颊比较丰润的人可以在上粉底时，在颧骨下方淡淡扫上些深色的粉底，这样会让脸部看起来更立体。

（4）画眉。眉笔的颜色最好选择与自己眉毛颜色最接近的，东方人通常用棕色或灰色。另外，也要兼顾发色，若头发漂染成其他颜色，眉色也要与之协调。在画眉之前，必须要先修饰眉形，拔除眉形以外的杂毛，如两眉之间、眉峰下方及眉峰过厚部分。画眉时，可以采取两种简单的方法：一是用眉笔顺着眉形画，二是以眉刷蘸上眉粉刷出眉形。这两种方法都能够使眉形看起来非常自然。

（5）眼影。眼影是彩妆中最具有挑战性的一项，也是最富于变化的步骤，若将不同色彩组合在一起，可呈现出多样化的眼影效果。眼影色彩的搭配不同于服饰色彩的搭配，它完全不受限制。眼影的画法多样，这里只简单地介绍一下渐层法：使用同一色系不同深浅的色彩，自眼睑下方开始，由下至上，由深至浅渐次涂搽，有深邃眼睛的效果。

（6）眼线。眼线有多种画法：用眼线液涂画，持久且不会晕开，比较适合浓妆；用眼线笔画出，效果自然但容易晕开；还可以尝试用深色眼影画出眼线效果。

（7）嘴唇。唇彩是整张脸的焦点，娇艳欲滴的美唇，让人有种一切尽在不言中的美感。用比唇色深一号的唇线笔画出唇形轮廓，再用唇笔将唇膏涂匀，将使唇形更立体且丰润。

2.化妆技巧

化妆时，要使粉底紧贴肌肤，有个简单又有效的方法：先将微湿的化妆棉放入冰箱，几分钟后，用冰凉的化妆棉轻拍涂好粉底的肌肤，即可获得满意效果。使用眉笔时，先用眉笔在手臂上试颜色，也可用眉刷蘸上颜色，均匀地扫在眉毛上，就会呈现出自然且柔和的效果。化妆完毕后，以距离面部一手臂远的距离向脸上喷上保湿水，可让妆容更持久。

3.注意事项

化妆的工具必须保持清洁，你可以使用性质温和的洗发水来清洗化妆刷。当化妆完成后，不要佩戴眼镜，否则会影响你的化妆效果。另外，层次分明的眼影与精心修整的眉形可以修饰面容。

笑容是女孩最好的化妆品

古龙说："一个爱笑的女孩，运气肯定不会差到哪儿去。"女孩的微笑，是疲倦者的温床，是失望者的信心，是悲哀者的阳光。在所有的语言中，微笑是表达友好的最佳方式。一个有魅力的女孩，懂得用自己的微笑打动人心。曾经有一项针对男性的调查：你最喜欢女孩的面部表情是什么？结果几百名男士的答案都是"微笑"。将微笑始终挂在脸上，这本身就是一种形象魅力。一个微笑的女孩，可以打动任何人的心。所以，要想提升自己的形象魅力，不妨以笑脸迎人。心情好的时候，要保持迷人的微笑；心情不好的时候，也应该保持微笑。有时候，微笑胜过语言，你的微笑将代表你的整个形象魅力。

卡耐基说："女孩的微笑是天下最美的表情，如果你想获得别人的喜欢，那不妨放松下来，给对方一个迷人的微笑。"查尔斯·史考伯曾说自己的微笑价值百万，也是在说明这个真理。微笑的魔力是巨大的，女孩要学会舒展自己的眉头，放松心情，嘴角轻轻上扬，露出最美的笑容。笑是人类的特权，女孩的微笑是没有瑕疵的，是阴霾时的阳光。有人说："充满亲和力的微笑是水做的，感性柔和中溢满阳光的味道。"可以毫不客气地说，女孩的微笑是人世间最美的表情，最真实的纯真，一个女孩由衷地微笑时是不假思索的。

黛嘉长得并不漂亮，但她喜欢笑，这使她成为公司里最受欢迎的人。她的笑容如盛开的花朵。如果说，世界是因为女孩的多姿多彩而变得美丽，那她灿烂的笑容像阳光般照亮了他人的心，感染了身边的每个人，最终成为公司里一道独特而美丽的风景。

每天，黛嘉都面带笑容，神采奕奕，读书、品茶、听歌、会友或旅行，凭着那份对生活的热情，对生命的感悟，她的脸上始终挂着最灿烂的笑容。在公司里，她喜欢帮助别人，充满爱心，从来不为小事斤斤计较。在同事需要帮助时，她会及时伸出援手，同时奉上让人百看不腻的笑容。当然，当她得到同事帮助时，也会因为感激而绽放最甜美的微笑。

那些拥有阳光般微笑的女孩才是可爱的女孩，只有懂得微笑的女孩心中才有爱。因为心中有爱，女孩的微笑会变得更美；而微笑又让爱变得真实甜蜜。微笑的女孩，给人带来的永远是阳光般的亲和。女孩的微笑能让他人感到温暖，感受到真实的爱。生活需要微笑，见了朋友和亲人，报之以微笑，可以振奋人的心灵，增进彼此之间的友谊；当接受陌生人的帮助，报之以微笑，会使双方心情舒畅；给自己一个微笑，生活会更阳光。工作时也是一样，要用微笑影响周围的人，让每个人的脸上都浮起灿烂的笑容。

人与人之间的距离并不遥远，有时只需一个微笑就能拉近彼此的距离。学会给生活中遇到的每个人一个微笑，你的微笑会传递友好，你的微笑会传达问候，你对别人微笑时，别人也同样会用微笑回报你。微笑是全世界通用的"语言"，哪怕语言不通，你也可以展现善意的微笑。微笑带来的魔力是巨大的，它可以让别人感到温暖，也可以令自己感到快乐。一个微笑可以迷倒众人，一个微笑可以化干戈为玉帛，一个微笑可以提升你的形象魅力。

密歇根大学的心理学家詹姆士·麦克奈尔教授说："有笑容的人在管理、教育和推销方面会更有成效，更可以培养快乐的下一代。"在生活中，笑容比皱眉更能传达你的心意，这就是在教学领域要以微笑的鼓励代替处罚的原因。

魅力女孩，你该怎么办？学会微笑，当你面对讨厌的人时微笑，那是大度的表现；当你第一次见到某人，不妨给他一个微笑，可以巧妙地化解陌生感；当你一个人独处时，可以哼哼调子，唱唱歌，尽量让自己快乐。女孩微笑的魅力无所不在，能够时刻微笑的女孩是因为她拥有乐观的心态。受微笑的女孩，一般来说运气都不会太差，做一个有魅力的女孩，那就让微笑来为你增添光彩吧！

女孩可以不漂亮，但一定要有气质

气质对于女孩，是一种永恒的诱惑。什么是气质？它是一种无法确切定义，但却能让人真切感受到的美。女孩的气质是女性美的展现。与女孩轻盈的体态相比，气质是厚重且有内涵的。换句话说，气质是女性文化底蕴与素质修养的升华。我们都知道，容貌会随着时间的逝去而衰老，但是气质却是永恒的，它刻在骨子里，如同一块璞玉，经得起时光的打磨。女性的美是如何散发出来的？当然是通过气质。天生丽质的女孩若是缺少了气质，就如同没有鲜花的花瓶；相反，若是气质优雅，那么即使五官并不完美，也会给人留下深刻的印象。气质可以更好地衬托女性的美，美丽之中如果缺少气质元素，就仿佛失去灵魂一般。

词人张潮在评价美人时，曾这样说："所谓美人者，以花为貌，以鸟为声，以月为神，以柳为态，以玉为骨，以冰雪为肤，以秋水为姿，以诗词为心，吾无间然矣。"当然，在现实生活中，能有几人达到这种标准的美丽？当美丽被标准限制时，或许，它本身就已经丧失了耀人的光彩。不过，还有一种女孩，她们并不是天生丽质，却具有无限的吸引力，那就是气质优雅的女孩。淡定从容，衬托出一份脱俗的美丽。

张曼玉，她在银幕上有着千种面貌与万种风情，从花瓶到影后，她是被时光精雕细琢的女孩。如果你静静地观察她，会发现在她身上有一种难以抗拒的魅力，不是漂亮，不是妖媚，而是一种从生命深处散发出来的光芒，那是气质沉淀出来的美丽。

二十几岁时，她像个漂亮的洋娃娃，那时她被人们称为"花瓶"。刚进入娱乐圈时，初出茅庐的她并没有什么惊人的表现。在这之前，她没接受过正规的表演训练，演技也没深度。在她身上，能让人们认同的是一副姣好的面容与妖媚的笑容。要饰演那些发自内心的情感戏，对她来说是困难的。在早年那些打打杀杀的江湖片或喜剧片中，她仅仅是个漂亮的符号。

对于那段日子，她记忆犹新。"拍电影时，当我无意中流露出要好好努力，争当影后的想法，别人笑得几乎趴在了地上。当我想饰演多种类型的角色时，导演们都说'你很红，可你只是漂亮'。"那时，漂亮的张曼玉缺乏某种吸引人的气质，所以人们只说她漂亮，而不会说她美丽。

随着时间的沉淀，张曼玉开始变得美丽起来，在她身上，逐渐散发出一种迷人的气质。在电影《旺角卡门》里，张曼玉首次以写实的方式诠释出一个女孩的恋爱心境，这一次，她表现出以往角色所没有的质朴美感。从此，她彻底地摆脱了"花瓶"的阴影，她的美丽呈现出一种不同以往的纯净。也就是从这时开始，"张曼玉"这个名字开始与美丽相伴。

张曼玉的蜕变，源于内心的修炼。充实的内涵沉淀出迷人的气质，迷人的气质又衬托出芳华绝代的美丽。苏菲·玛索曾这样评价张曼玉："她是至今为止在演艺界拥有最高成就的电影演员，不仅仅因为她获得的奖项和参演的经典电影，她已经成为一种文化，她的生命充满了使命感与责任感。"其实，张曼玉不仅仅是一种文化，更是一种美丽。

在小学同学聚会上，大家都围着阿群赞叹不已。在所有女同学中，她打扮最简约，但给人的感觉却异常美丽。大家都还记得十几年之前的阿群：小眼睛，塌鼻子，个子小小的，穿着不合体的衣服。这样一个小女孩，自然算不上漂亮。

十几年过去了，她除了不再个子小小之外，什么都没有改变。但是，却有不少同学称赞她："你真美！"甚至，有的同学一看见她那清新的眼眸，居然破天荒地觉得小眼睛也很好看。其实，在这十几年中，阿群并不是什么都没变，她现在是同学中唯一的女博士。在她身上自然而然地散发出知性的气质美，而这种气质恰恰衬托出她的美丽。

女孩的气质，已被无数文人墨客赞美过，诸如"蕙质兰心"或"零落成泥碾作尘，只有香如故"……有气质的女性，即使外貌并不出众，但也会因成熟、沉稳与自信，洋溢出一种自然优雅的美。在与人相处的过程中，人们会惊叹她得体的装扮、优雅的举止、丰富的学识及从容的处事方式，在举手投足之间，气质会不经意地流露。

女孩的气质是多种多样的，有人洒脱大方，有人妩媚动人，有人温柔贤惠。女孩征服一切的魅力，就在于气质。生活中，漂亮的女孩并不少，但称得上美丽的女孩却不多，因为美丽需要气质的烘托。一个有气质的女孩，如同源源不断的泉水，颇具灵气。气质好，才能更好地衬托出女性的美丽。所以，我们应该不断地提升自己，沉淀出一份迷人的气质，使自己焕发出与众不同的美丽。

不必奢华，服饰只需巧妙搭配

几乎每个女孩都有一个大大的衣橱，里面装满了各种色彩靓丽的服饰，满载着一个女孩的美丽。对于任何一个女孩来说，永远不会嫌自己的衣服多，而是总觉得自己的衣橱里还缺一件衣服。她们总是面对着满满的衣橱发呆，不想让办公室的同事猜出自己今天会穿哪件衣服。这对女孩提升自我形象来说，其实是一种失败。

女孩总觉得自己的衣服不够穿，主要原因在于不懂得如何搭配。即使她们拥有满衣橱的衣服，也会觉得自己可以穿出去的衣服实在太少。若想有效提升自我形象，就要懂得如何搭配，只有穿出自己的风格，才能为自己的形象美增添靓丽的光彩。有些女孩总是尽力寻找奢侈品，似乎要将奢华穿在身上，那是因为她们不明白真正的美是什么。服饰搭配的目的是要穿出自己的个性，穿出自己的风格。一般来说，适当的流行元素再融合自己的个性风格，就是最经典的组合。

张曼玉绝对算不上最漂亮的女星，身材也一般，但这并不妨碍她成为国际一流女星。在娱乐圈里，她是大家公认的最会穿衣服的女孩，很多时候，看她穿衣服也是一种享受。

张曼玉的穿衣哲学是拒绝奢华，她觉得奢侈的品牌不是不好，只是不容易凸显个性，也容易撞衫。因此，她对大街上那些琳琅满目的品牌并没有特别的喜好，也不会特别关注价钱，而是看重服装本身的特点。曾给张曼玉拍过纪录片的人说："有一次，她看中了一位不知名的设计师设计的手袋，价格也不贵，买回来一直在用。那些不知道的人还以为她用的是哪位大牌设计师设计的手袋呢。"穿衣搭配在张曼玉身上已经达到了炉火纯青的程度，她能轻松地穿出自己的个性。

有的女孩会搭配衣服，但只是简单的搭配，也就是一种固定的搭配。例如，她会将某件上衣与某条裤子相配，第一次这样穿着出门，第二次依然这样搭配。这种固定搭配方式，只会让人觉得衣服越来越少。其实，服饰也需要多层次搭配，你可以用某件上衣与牛仔裤搭配，也可以与短裙搭配，甚至可以与短裤搭配。

当你学会了灵活搭配服饰以后，就会发现自己的衣橱里突然多了许多漂亮的衣服，即使你只有两套衣服，依然可以穿出四种风格。当然，在搭配服饰时，还需要考虑到颜色与款式是否相配。另外，还需要准备一些精美的小饰品，让它为你的整体形象锦上添花，适当使用会带来不一样的风情。

每个女孩都曾经有过在衣海里迷茫或徘徊的经历，她们总会在出门前对着镜子自嘲"永远缺一件衣服"。事实上，你缺少的并不是衣服，而是发现美的眼睛，以及灵活的服饰搭配技巧。下面从三个方面简单介绍服饰搭配技巧，希望能为你带来服饰搭配的灵感，进而穿出专属于自己的风格。

1.衣橱必备服饰清单

如果衣橱里已经满是奢侈品，你却还在为服饰搭配发愁，那你不妨检查一下衣橱里是否有一些必备的服饰单品。如果没有，就赶快将它们带回家，为你的衣橱添上一抹永不褪色的靓丽，也使自己的服饰搭配更有魅力。

（1）黑色短西服外套。黑色短西服外套剪裁讲究，款式也非常经典，穿上会让人看上去很有气质，而且适合各种身材。最关键的是它能够很好地突出女孩的腰线，塑造出曼妙的身材。另外，它能够与许多衣服搭配，如牛仔裤、小礼服、长裤和裙子等。

（2）喇叭裤。喇叭裤作为经典不衰的款式，绝对是衣橱里必不可少的服饰单品。它适合大多数女性的身材，而且上身效果非常好。如果能搭配一双厚底鞋或坡跟鞋，会让你看起来更加随意而舒适，还能增加身高。

（3）经典款风衣。秋末冬初，经典款风衣绝对是街头不可或缺的美丽风景。你可以将它当成具有投资价值的单品，即使你在冬天长胖了，身材有点走样，它那宽松的款式依然适合你。可以选择A字形腰间系腰带的经典款风衣，它是百搭单品。

（4）黑色小礼服。每个女孩都应该拥有一件黑色小礼服，选择的重点是大方、别致且适合自己。你可以在挑选时注意一下小礼服的细节，如别致的单肩款或漂亮的腰带，这些小细节都会让你的小礼服成为独一无二的服饰。

（5）条形图案上衣。条形图案上衣是永恒的经典，搭配亮色或印花图案的衣服均可，穿在小西服里面若隐若现，效果也很棒。

（6）白衬衫。白衬衫一直是白领的最爱，也是衣橱里必备的单品，但白衬衫也有它休闲的一面。换下笔直的西裤，穿上牛仔裤，再提着大包包，马上从白领丽人变成阳光女孩。

2.适当的配饰单品

在你的衣橱里，除了必备的服饰单品，还需要准备一些搭配服饰的小饰品。千万不要小看它们，也许只是一枚小小的胸针，就可以为你增添别样的风情。

你可以在衣橱里预备各式各样的围巾，如豹纹印花围巾，即使搭配很普通的白衬衫和牛仔裤，也会为你增添一抹亮色。夸张的项链可为简单的服饰增添女性的柔美。如果你喜欢时装表，它也可以提升服装的整体效果。另外，宽松的表带会让你的手表看起来更像手镯。

3.鞋子

鞋子是整体服饰的主要配角，也是整体造型中最活跃的部分。鞋子的光泽、颜色、硬度和风格都在一定程度上决定了服饰的整体效果。在挑选鞋子时，它的形状一定要让你的脚看上去很秀美，腿也显得修长，还需要与整体造型相协调。鞋子的颜色最好与服饰最深的颜色相同。鞋子上的装饰越简单越好，复杂的装饰反而会显得杂乱或俗气。

当你在挑选鞋子时，尽可能挑选经典款式，避免流行，特别是那些极端的款式，如大方头鞋等，这样挑选的款式可以穿上好几年。

悉心保养，令肌肤紧弹亮润

每个女孩都渴望拥有娇嫩白皙的肌肤，即使不施粉黛，依然如朝霞映雪。女孩给人的第一印象或多或少会与肌肤有关，这时肌肤的好坏将在很大程度上影响你的形象魅力。纵然你有婀娜多姿的身段，时尚新潮的装束，但脸上跳跃着雀斑，眼角隐现鱼尾纹，毛孔粗大……也会令人倒胃口。爱美是女孩的天性，特别是对自己的肌肤更是宝贝得不得了。相信每个女孩都会或多或少地有一些护肤心得，如何保养肌肤是女孩永远的话题，皮肤暗黄、干燥或长斑则是所有女孩的心头恨。而有的女孩正是靠着正确的护肤方法，打造出了白里透红、吹弹可破，甚至滑腻似酥的冰肌玉肤。因此，要提升自己的形象，女性应该掌握一些保养肌肤的方法，才能打造完美的外在形象。

许多女孩为了使自己变得美丽，不惜以节食来减肥，可在阿雅看来，这其实是加速身体衰老的饮食习惯。还有的女孩靠打肉毒杆菌瘦脸，玩命地在身上涂化学护肤品，但是日夜颠倒的生活，巨大的工作压力，使她们看上去更显老。对于如何保养肌肤，阿雅有自己的心得。

她常向朋友推荐"番茄猪肝汤"，她说："猪肝可以清血排毒，只要身体干净了，气色就好多了。"平日里，她常常用煲汤作为自己的美容餐。另外，她保养肌肤的秘诀是"内外结合"，即适当的运动和均衡的饮食。在她看来，要想保养好肌肤，需要充足的睡眠、充足的水分和适当的运动，这三者缺一不可。阿雅说："一个女孩如果要想真正美丽，必须要有自信，这也是我保养肌肤的秘诀之一，这是内在保养的最佳方法。"

肌肤是女孩一生的"外套"，光滑且细腻的肌肤是每个女孩毕生的追求。但随着时间的流逝，年龄的增长，原本漂亮的肌肤越来越经不起来自外界环境的伤害，轻微的伤痕就会在皮肤表面留下痕迹。其实肌肤变差是多方面原因造成的，如年龄、遗传、睡眠不足、饮食、环境污染和心理压力等。在多方面的作用下，肌肤失去弹性，没有光泽，出现斑点，毛孔变得粗大。这对于天生爱美的女孩来说，真是令人心碎的打击。对此，女孩要学会悉心保养，才能令肌肤光彩照人。

肌肤保养在现代社会逐渐成为一门学问。对女孩来说，肌肤的保养包括多方面内容，它包括肌肤的保湿、美白和抗衰老等，还包括解决皮肤的一系列问题，如祛痘和祛斑。下面就简单介绍一些安全且有效的护肤方法，希望对那些正在被肌肤问题困扰的女性有所帮助。

1.肌肤保湿

肌肤保湿可通过滋润角质层，让皮肤充盈水分，细小的皱纹会逐渐被淡化。选择适合自己肤质的保湿品，你的肌肤就会变得异常滋润，这就是水油平衡的结果。干性皮肤过冬季时应选用含适当油脂的护肤品；油性皮肤过夏季时应该选用不含油脂的补水产品。经常在外工作的女性，更需注意肌肤的保湿工作，除了使用高效保湿的护肤品之外，你还可以准备一个小水壶随身携带，随时随地为身体补充水分。

其实，仅仅使用一些保湿产品并不能做好保湿工作，除此之外还需要每天补充足够的水分，因为身体缺水，皮肤就会变得干燥。另外，每天还要多吃水果，才能使你的皮肤水当当。

2.肌肤美白

实施美白计划时，最好不要依赖化妆品达到美白肌肤的效果，你可以吃一些促进美白效果的食物进行美白，还可以使用一些天然的美白护肤品。毕竟，美丽是由内而外的，饮食也是美白过程中不可或缺的一环。你可以多吃一些富含维生素C、蛋白质、矿物质和维生素A的食物，如柠檬、醋、酸奶和银耳等。

除此之外，还可以使用纯天然的美白护肤品。将蛋清涂在皮肤上，可以溶掉死皮，等蛋清干后用温水洗净，便会除去死皮，令人容光焕发。把1匙乳酪与1匙柠檬汁混合后，涂在脸上，略干后用热水洗净，再涂紧肤水和润肤品，肌肤会洁白无瑕。另外，还要注意做好防晒工作，即使阴天时出门，也要涂防晒霜。

3.延缓肌肤衰老

肌肤衰老是经过数十年逐渐实现的。其实，预防肌肤衰老，最好从年轻时做起。例如，保持乐观开朗的性格，养成良好的生活习惯，这是保持青春活力必不可少的条件；睡眠不佳易使人精神萎靡，眼圈发黑，这都会对肌肤不利。

在日常生活中，需要合理地补充营养，如米制品、肉类、豆类和蔬菜等食物都应搭配合理，不宜偏食，以保证人体吸收足够的糖、蛋白质、维生素和微量元素。市场上宣传的抗衰老的保健品，大多添加了化学成分，需要谨慎使用，不然肌肤会衰老得越来越快。

4.肌肤死角的保养

日常肌肤护理中，经常有些容易被忽略的地方，如眼部肌肤、肘部肌肤和足部肌肤等，这些都会成为肌肤死角，进而影响整体美感。

（1）眼部肌肤。一般情况下，眼部肌肤是人体最容易衰老的位置，因为眼部肌肤的厚度只有脸部肌肤的1/4，而每人每天都要眨眼上万次。对于眼部肌肤的护理一定要防患于未然。选择适合的眼霜，才能起到护理作用。眼霜不宜太油腻，一定要容易吸收。

（2）肘部肌肤。全身上下，再没有什么部位像肘部一样被我们严重忽视的了。当身体处处滋润光洁时，唯有手肘和膝盖部位的肌肤经常皱皱巴巴，显得毫无光泽。护理肘部肌肤时，可在晚上睡觉前用湿毛巾轻敷，然后多涂点保湿乳液。

（3）足部肌肤。其实，足部的肌肤是最需要护理的，因为每天都要走路，双脚容易脱皮，甚至会受伤。除了定期去死皮和角质，还需要进行细心的护理。你可以先用热水泡一下脚，再用锉刀锉去死皮，然后涂上专门护理足部的乳液。睡觉时最好穿上纯棉的袜子，第二天早上双脚肌肤就会变得细嫩光滑。

锻炼塑形，练就性感身材

电影《铁皮屋顶的猫》里，当伊丽莎白·泰勒扭动着腰肢华丽转身时，镜头里一个男人对另一个男人说："她的身材真棒！记住，女孩的身材比脸蛋更重要。"姑且不讨论女孩的身材重要还是脸蛋重要，但是拥有性感身材的女孩无疑是美丽的。

性感美丽的身材是每个女孩的梦想，也是她们蜕变美丽的途径。一个好身材的女孩走在大街上，绝对会有很高的回头率。如果你喜欢看T台秀，你会发现很多女性模特的制胜点就在于拥有高挑且性感的身材。一般情况下，即使相貌平平，只要搭配好身材，那整体看起来也会魅力大增，毕竟好身材通常是整体形象的组成部分。

李华是化妆品公司的销售总监，为了维持自己良好的形象，她特别注意控制体重。家中有一个小型体重秤，她几乎每周都会称一次体重，以观察体重变化。

她还专门为自己制定了营养均衡的膳食菜单，即便在外面就餐，也会饭前先喝一碗汤，一直坚持每顿只吃七分饱。就算看见自己最喜欢吃的菜，她也能控制住食量。

平时的她，并不像其他女孩一样偏爱零食，冰箱里只有水果、牛奶和绿色蔬菜。工作休息之余，她会练练瑜伽或做做运动。公司放长假时，她喜欢约上几个朋友一起去爬山和徒步旅行。在她看来，好身材并不只是性感，更要健康。

李华做销售总监已经两年了，每次与客户见面都会受到客户的赞美，总经理也一直将她当做自己公司的形象代言人。

许多女孩总是对自己的身材不满意，或是太瘦了，或是太胖了，或是比例不协调，只要一看见身材性感的女孩，她们就会自卑，不敢和好身材的朋友一起出去逛街，因为朋友的好身材让她自惭形秽；也不愿意尝试性感的裙装，一年四季总穿着比自己身材大一号的衣服。她们对自己不够自

信，所以与自己喜欢的人擦肩而过。每个女孩都希望拥有完美的身材，但要怎样才能修成完美的身材呢？你需要了解如下方法。

1.选择适合自己的内衣

女孩要想保持性感的身材，必须选择适合自己体型的内衣。如果尺码过大，你就不易发现自己胖了；如果尺码过小，又会把赘肉挤出来，使身材变得更难看。所以，选择合适的内衣有助于塑造性感身材。

2.良好的饮食习惯

早餐是每天的活力源泉，也是你一天中第一次摄取食物，所以早餐非常重要。如果不吃早餐，那你一整天都会没精打采。而午餐时又会因为饥饿而猛吃，无形中就容易发胖。

另外，晚上睡前4小时不要进食，假如你太晚进食，会因为热量得不到消耗而累积成脂肪，也会使你的形体美大受损害。

3.良好的坐姿

许多女孩喜欢跷腿坐着，长期跷腿坐会对体型有不良的影响，容易导致盆骨变形，肌肉附着在不正确的位置，身材就会变得难看。所以，要保持端庄、大方的并膝坐姿，才能塑造出性感的身材。

4.不宜常穿高跟鞋

许多女孩为了弥补自己的身高缺陷或为了追求美感，每天出门都会足蹬一双高跟鞋。其实，高跟鞋会令你走路时重心偏移，不但对骨骼不好，还会使身材变形，更容易使大脚趾外翻，这对于塑造美好身材都是有害的。所以，平时应尽量少穿高跟鞋。

5.最佳睡姿

最佳的睡姿是仰卧着入睡，让自己的身心同时放松，自然入睡，这样才会拥有良好的睡眠。如果你的睡姿不正确，会对脊椎和内脏有不好的影响，从而导致身材变形。另外，趴着睡会对心脏造成压力。

6.不宜节食减肥

有的女孩为了减肥，会选择节食来达到目的，这是非常不可取的方法。如果你想拥有凹凸有致的身材，就要保证充足的营养，不要盲目地节食减肥。

除此之外，丰满的胸部是性感的标志，而乳房除了腺体之外，还有脂肪组织，脂肪组织的多少是决定乳房大小的重要因素之一。如果你连基本的营养都无法保证，身材瘦小，乳房的脂肪组织必然也会随之减少。

第 2 章
品格塑造：让好个性为你的修养加分

在我们生活的周围，有一些女孩，她们能得到众人的喜爱，她们"得到多助"，无论走到哪里，她们都有朋友，从不孤单；而有些女孩却四处遭人排挤，她们总是抱怨自己时运不济。这是为什么呢？其实，决定女孩是否完美，是否幸福的，有一个非常重要的原因，那就是个性。这是左右女性一生生存状况、人际关系甚至是命运的重要因素和神秘力量，性格的好坏直接影响到女孩婚姻的美满、事业的顺利和生活的幸福。因此，每个女孩都要将修炼好个性当成一生都要进行的功课。

穿上自信的外套，你的生活处处是光彩

自信是女孩最好的化妆品，它一点点装点着女孩的美丽。自信的女孩能由内而外显现出知性的人格魅力。自信的女孩走路时不会扭扭捏捏，而是昂首阔步，脸上从容不迫的表情向别人传达着她的自信；自信的女孩无论坐在高雅的西餐厅还是路边的大排档，都会释放自己的优雅魅力；自信的女孩说话和做事从来不会犹豫不决，通常都是果断地下决定，淡定而从容。女孩需要自信，因为信心是成功的仙丹。

自信的女孩从来都是美丽的，也是成功的，无论家庭、事业和交际，都能够一帆风顺，即使偶尔出现了困难与挫折，也会在她们自信的行动下迎刃而解。自信的女孩清楚地知道自己想要什么，能要什么。或许，自信的女孩没有漂亮的容颜，但是那种由内而外散发出来的气质，已经征服了所有的人。女孩想要提升自己的性格修养，必须相信自己是唯一的，是无可替代的。一旦你拥有了自信，就会获得成功，人生之路也会开满绚丽多彩的花朵。

娜娜是位模特，她的容颜在众多佳丽中并不是最出色的，但是她却凭着自己优雅的气质屡次登上各大时尚周刊的封面。在生活中，她总是打扮得像邻家妹妹。她既不喜欢泡夜店，也不喜欢去酒吧，最喜欢待的地方是图书馆。她坦言，自己当初无意间踏入了模特这个领域，耽误了自己的学业，这是她最大的遗憾。因此在休息之余，她总会多看一些书，为自己充

充电。正是这样的内外兼修，她才能如此自信地站在镁光灯下，接受人们赞叹的目光。

实际上，娜娜26岁时才正式走红，她从来没有隐瞒过自己的年龄。她说："在这个行业里，也许我的年龄是有些大了，但是女孩越成熟越有魅力。当年我也是一个不自信的女孩，不相信自己会成功，觉得自己没有别人漂亮，也没有别人有个性。"娜娜认为一个美丽的女孩首先要有自信："我觉得自信的女孩最美丽，她们散发出吸引人的气质。我也经常被有自信的女孩吸引，希望自己能像她们一样。告诉你们一个小秘密，自信心是助你成功的仙丹，只要你对自己充满信心，总有一天，你也可以成功。"

当谈到让自己拥有自信的方法，娜娜说就是相信自己。"我觉得每个女孩的美丽都是独一无二的，无论她的外貌如何，只要充满了自信，就会由内而外散发出美丽的气息。"

正是娜娜的自信铸就了她的美丽，也促成了她的成功。自信是女孩好性格的特征之一，因为自信，所以乐观。自信的女孩不一定是女强人，她可以是柔弱的，也可以是坚强的。自信的女孩总是游刃有余地展现出自己的美丽，坦诚、爽朗或长袖善舞，都是源于一种自信的洒脱。

有的女孩过于娇弱，对自己的事情常常拿不定主意，这样的女孩缺乏应有的自信，而使自己的性格变得犹豫不决。拥有自信，可以慢慢消减娇弱的气质，逐渐使女孩变得独立起来，甚至在事业上独当一面。自信并不是强悍，而是一种落落大方的态度。当女孩拥有自信，她会在待人接物方面得体大方，处理事情也不会拖泥带水，任何时候都会有自己的观点和想法。这样自信满满的女孩，通常会受到大家的尊重。自信的女孩可能只是相貌平平，但因为那份与生俱来的自信，使她们变得光彩照人，变得知性优雅。无论身处何处，她们都将成为最瞩目的焦点，而且永远不会因为青春容颜不再而失去魅力。

有一个在孤儿院中长大的小女孩，常常悲观地问院长："像我这样没人要的孩子，活着究竟有什么意思呢？"院长总是笑而不答。

有一天，院长交给女孩一块石头，说："明天早上，你拿这块石头到市场上去卖，但不是真卖。记住，无论别人出多少钱，绝对不能卖。"

第二天，女孩拿着石头蹲在市场的角落里，意外地发现有不少人好奇地对她的石头感兴趣，而且出的价钱越来越高。回到院里，女孩兴奋地将这一情况告诉了院长，院长笑了，让她明天将石头拿到黄金市场去卖。第二天，在黄金市场上，有人出比昨天高10倍的价钱买这块石头。

后来，院长又叫女孩把石头拿到宝石市场去展示，结果那块石头的身价又涨了10倍。由于女孩怎么都不肯卖，那块最普通的石头竟被传为"稀世珍宝"。女孩好奇地问院长："这是为什么呢？"院长望着女孩说道："生命的价值就像这块石头一样，在不同的环境中就会有不同的意义。一块不起眼的石头，最终被传为稀世珍宝，你不就像这块石头一样吗？只要自己相信自己，尊重自己，生命就会有意义，有价值。"

原来，生命的价值取决于自信的态度，有了自信，我们的生命才会有价值，有意义。莎莉·拉斐尔是位播音员，在她过去30年的职业生涯中，曾遭遇过18次被辞退，但是她相信自己的能力，最终成为自办电视节目的主持人。试想，如果当初她对自己失去了信心，我们就没有机会看到她现在的成功。

自信的女孩往往拥有自己的事业，在职场中应对自如，在上司和下属面前表现出自己卓越的工作能力。而不自信的女孩浓妆艳抹地奔波于各种场所，没勇气让自己素面朝天，在遭遇烦恼挫折之际爱疑神疑鬼且胡乱猜测，亲手毁掉自己的事业与幸福。

当然，自信并不等于自负。自负的女孩习惯于目空一切，总是显示出高高在上的姿态；而自信的女孩则会多一些平和之气，多一些宽容，多一些亲切，而这本身就是一种性格修养的魅力。所以，人们对自负的女孩敬而远之，对自信的女孩则愿意与其亲近。即便是自信的女孩一无所有，她也拥有一份无价的财富，那就是自信。这样一份特别的财富不会被外人抢走，它永远属于自己，是自己最耀眼的性格品质。

与人为善，善良是女孩最好的外衣

女孩要学会与人为善，做一个有爱心的女孩。有爱心的女孩是善良的，善良的行为可能只是日常生活中无意识的行为，但不管做什么事情，都是她们发自内心的。如果问什么样的女孩才是最有魅力的，或许有人会说漂亮的女孩有魅力，有人会说衣着华贵的女孩有魅力，还有人会说年轻的女孩有魅力，其实这些所谓的魅力都只是暂时的，只有善良的女孩才会绽放永久的魅力。善良的女孩或许外表普通，但善良让她风采照人。我们之所以将"善良"作为评价女孩的标准之一，是因为善良是这个世界上最美好的情操之一。有人说善良的女孩像明矾，她们使世界变得澄清。

别林斯基说："美丽，都是从灵魂深处发出的。"女孩的魅力不仅仅在于容貌，还来自真诚、来自善良、来自温柔、来自自信、来自爱心。而善良与爱心，往往是女性魅力的精华。女孩的内心深处隐藏着一种母性，那就是爱心。一个有魅力的女孩，她会通过自己的实际行动来展现自己的魅力，比如自己的爱心。一个有爱心的女孩，通常是不会被人拒绝的，人们看到她们美丽的外表下的善良的心，就会对她们充满敬佩之情。

有这样一件感动人心的爱心故事。

当年，年仅12岁的女孩王翠因为自己家庭贫困，于是在学校举办的捐赠活动中得到了一件棉衣。小王翠第一次穿上那件看起来还是九成新的棉衣，心里就暖暖的，她把自己冻得冰冷的手伸进衣兜里取暖，却无意中发现了一张纸条，她摸出来看，上面写着："穿上这件衣服的小朋友，如果你学习上遇到了困难，请和我联系，我可以尽力帮助你……"后面留下了捐赠人李思俭的联系地址和电话。李思俭是农业银行南京城南支行的职员，1996年秋天，在单位组织的为贫困地区捐赠冬衣的活动中，李思俭在自己捐出的一件棉衣口袋里留了一张小纸条，她觉得这种方式更能表达自己的爱心。

时隔9年后，当王翠因为家庭贫困徘徊在大学校门外时，她想起了那位捐赠棉衣的爱心阿姨。而当年留下小纸条的捐赠者李思俭也信守自己的承诺，及时向王翠伸出了自己的援助之手，并且还带动了整个银行的同事去看望王翠，帮助她渡过了人生的一道难关。

小纸条被珍藏了9年之后，引出了一个传奇的爱心故事，让所有的人都为之感动。戴着眼镜的李思俭，看上去似乎很柔弱，但是人们透过她外表的柔弱看到了她的爱心和她绚丽的精神世界。

也许，李思俭在单位只是一个很普通的银行职员，但是她却做出了不平凡的事情。一个有爱心的女孩，她是不会被时代所忘记的。爱心是她赠予别人的礼物，但是上天却会因为她的爱心回报给她更多的东西。一个有爱心的女孩，不管她看起来有多普通，有多平凡，她的一颗温暖的爱心都是非常令人欣赏的。女孩的魅力并不只是来自外表的光鲜与美丽，更多的是来自内在。李思俭用她自己的爱心展现了她内在的修养与美丽。

有爱心的女孩离幸福最近，她们永远记得去施予，但是却不记得回报。表面上看起来她们很吃亏，但实际上这是做人的聪明之处，也是她们的人格魅力所在。当然，爱心并不是施舍，爱心也并不是怜悯。爱心是需要你以平等的态度付出。有爱心的女孩，必然会有一颗仁慈博大的心。

有一位盲人，他住在一栋楼里。他有一个习惯，那就是每天晚上都会到楼下花园去散步。奇怪的是，无论是上楼还是下楼，他自己虽然只能顺着墙摸索，却一定要按亮楼道里的每盏灯。

一个邻居忍不住好奇地问道："你的眼睛看不见，为何还要开灯呢？"

盲人回答说："开灯能给别人上下楼带来方便，也能给我带来方便。"

邻居疑惑地问道："开灯能给你带来什么方便呢？"

盲人答道："开灯后，上下楼的人都会看见我，就不会把我撞倒了，这不就给我带来方便了吗？"

邻居这才恍然大悟。

俗话说："送人玫瑰，手留余香。"虽然只是一件很平凡微小的事情，哪怕如同赠人一枝玫瑰般微不足道，但是它带来的温馨却会在赠花人

和爱花人的心底慢慢升腾、弥漫，甚至覆盖。有时候，你一个发自内心的小小善行，就有可能铸就大爱的人生舞台。一个再漂亮的女孩，一旦被发现表里不一，也难免会使人心生厌恶之感。如果你和一个充满爱心的女孩在一起，你就会感受到一种心灵的洗礼，会让你感到这个世界的美好。爱心是一切爱的源头，丰盈的爱心似乎是女孩与生俱来的天分，女孩要发挥自己的天分，用爱心打造一颗完美的女孩心。

英国文学家切斯特菲尔德说："用你喜欢别人对待你的方式去对待别人。"每个人都是需要被理解、同情和尊敬的，推己及人，女孩在与人相处的时候，应该适时表现出自己的爱心。对人对事，与人为善，豁达一些，或是对迷途的人说一句提醒的话，或是对自卑的人说一句鼓励的话，或是对痛苦的人说一句安慰的话。只是一句简单的话，既不需要花费什么金钱，也不需要耗费你多少精力，而对需要你帮助的人来说，却相当于旱天的甘霖，雪中的炭火。

正直不阿，展现你的绝对风范

关于女孩，人们联想到的大多是温柔、体贴、美丽、聪明、善良和可爱，很少有人会想到正直不阿。"正直不阿"这四个字多用来形容男性，难道女孩就不需要正直了吗？太阳是光明的，它普照大地，施惠于万物。做人也应该是光明的，所谓面如明镜，心如清泉，言如玉石，堂堂正正，光明磊落，才是做人的根本。虽然，"正直"这个词不像美丽那么悦目，不像温柔那么吸引人，但它一直都跟随着女孩，不曾离开。千万不要认为"正直不阿"是男性的代名词，女孩一样可以做到正直不阿，而且正直不阿的女孩拥有绝对的风范，她们凭自己的性格魅力打动人心。

何谓"正直不阿"？简单地说就是：对人，坦坦荡荡，不小肚鸡肠；对事，秉公而行，不鼠窃狗偷。古人曰："君子坦荡荡，小人长戚戚。"

女孩要想做到正直不阿，就应该光明磊落，摒弃私心，力戒虚伪，无论大事小事，讲究实事求是，这样才能显现出性格修养的魅力。正直不阿，要求女性具有一定的社会责任感，这是不是意味着她会对家庭和亲人不那么上心呢？会不会不能独属于一个小家庭呢？诚然，正直不阿的女孩大多具有一定的社会责任感，但这并不代表她会弃家庭和亲人于不顾，她们会很好地权衡家庭与事业，人们对于她们的评价只有两个字——佩服。在当今社会，正直不阿的女孩并不多见，这就需要越来越多的女孩学会正直，以此来彰显自己的绝对风范。

每个女孩身上都多一些正直不阿，多一点社会责任感，这个社会才会变得越来越美好。

林女士曾给自己公司的员工写过一封信，要求大家将工作中所有违反法律和道德的事情上报给她，为此她留下了自己家里的电话。在信中，她这样说道："我们要以最好的方式做最好的事情。"

林女士喜欢正直的人，她也一再忠告自己："一定要做正直的人。"前不久，林女士老家的姐姐来了，看到这个令人眼花缭乱的城市，她说："我这次是来投奔你的，都说你在城里开了公司，我还不信，没想到是真的。我可是你的姐姐，怎么也得在公司里给我安排个体面的工作吧！"林女士想起多年前姐姐背着生病的自己去医院的情景，想起姐姐省吃俭用供自己上大学的情景，她的眼眶红了。她笑着说："姐姐，你先在我这里住下。想吃什么就跟我说，我去买，工作的事情以后再说吧。"

后来，姐姐曾多次要求去公司工作，可林女士总是为难地说："现在公司的职位都满了，没有合适的。"私底下她想：虽说公司是自己的，但安排员工需要符合相关的流程，而不是自己一个人说了算。况且姐姐没多少文化，又没有相关工作经验。自己作为公司的老板，应该以身作则，不可徇私舞弊。

正直不阿的女孩在对待自己的亲人时，也会正气凛然，她们不会通过自己的权力做徇私的事情，即使亲人对自己有恩，也会采用另外的方式去

回报，而不是凭借自己手中的权力谋求私利。情与理，她们分得很清楚，绝不做违反原则的事。

为人做事光明正大，实话实说，态度诚恳，正直且真诚的女孩才是受人尊敬的。

自尊自爱，才能受人尊敬

王尔德说过："爱自己是一场终身恋爱的开始。"作为一个女孩，应懂得自尊自爱，如此，你才能更好地爱别人，也才能受到别人的尊重。一个懂得自爱的女孩，她的人生风景会丰富，会温暖，会有春华秋实，会有感动，会被人爱。若一个女孩不懂自尊自爱，那么，生活回馈给她的将会是冰冷的孤岛，她自己也将被孤独与痛苦所围困。女孩，要学会自尊自爱，做一个受人尊敬的女孩。试想，一个失去了自尊且不懂得自爱的女孩，凭什么去得到别人的爱呢？女孩的自尊自爱，就是即使面对伤害，也能为自己点燃明亮的火柴；即使失去了，也会重新鼓起勇气，勇敢地站起来。

女孩到了一定的年龄，美丽的容颜就会流逝，但自尊自爱的女孩却拥有底蕴和美丽，那就是来自内心的那份从容、自信，由内而外自然地散发出来，这样的美丽是容颜无法带来的。自爱的女孩是美丽的，她们懂得如何打扮自己，这样的打扮并不仅仅是外表上的，而是由外表到内心的，她们进退自如，举手投足间洋溢着优雅、热情和智慧。

李亦非曾经说："我的美丽就是缘于自爱。"有人问她："你美丽的心得是什么？"她会骄傲地将美丽的心得公布开来："再忙、再累也不忘记关爱自己。女孩懂得自爱很重要，与你全身的皮肤和脸蛋一样重要。"

现在，李亦非每天都会做全身保养，这样会让皮肤有足够的水分，保持清爽白净。她觉得女孩在内外统一的时候，真的是可以非常美丽。她一直是这样，坚持自爱，热衷于追求时尚，喜欢做精致的指甲和漂亮的发型。

如果你与李亦非聊天，不仅会从她那里得到快乐的传递，还会有智慧的交锋。她坦言："我没有寂寞的夜晚。"这句话令很多人感动得不得了，因为没有人不曾感到过寂寞，但她却可以独自一个人品尝生活的快乐。因为自爱，她是健康美丽的，不仅仅是外表，还拥有健康美丽的心态。她是一个爽朗地将智慧倾囊捧出的女孩，无论她说了什么，你都能感受得到她语言背后智慧的心思。

李亦非的美丽是一种别致的美丽，因为自爱，所以她美得别致。自爱是女孩最高贵的资本，懂得自爱的女孩会把自己打理得如沐春风，懂得自爱的女孩拥有那份难得的洒脱。自爱的女孩总是一个人品尝着生活的酸甜苦辣，但她们却永远不会感到寂寞，因为她们拥有那份健康美丽的心态。

现实社会真的很残酷，金钱让许多女孩丧失了生活能力，走进了男人的世界。有人说："男人爱女孩是一种心理需要，而女孩爱男人则是为了钱，为了互相间的攀比，为了过上衣来伸手、饭来张口的生活。"可是，女孩丢掉了自己劳动的能力，甚至抛弃了自尊，这样就真的过得幸福、美满吗？在很多时候，有的女孩真的如社会给她所定义的那样柔弱，她们在纸醉金迷的世界里迷失了自我，为了感情、为了金钱，她们可以付出一切，包括自己的尊严。

周末，梅子找到了朋友，悲愤地控诉了老板对她变本加厉的羞辱和不尊重，她说："我正在考虑还要不要继续留在这里，为了挣那几百块钱接受他的羞辱。"朋友任由她发泄，心中不以为然，其实，朋友早就看不惯她与老板那种暧昧关系了。以前，朋友劝了她很多次，不要跟这种老板纠缠不清，但她却沉浸于这样的游戏并乐此不疲。

朋友当然知道，梅子现在的伤心、难过都只是暂时的，她说的考虑之词也不过是随口说说。所以，朋友任由梅子发泄，一句话也不说。梅子

似乎很不满意朋友的态度，追问着："你说，我该怎么办？"朋友淡淡地说："如果你真的想改变这种不被人尊重的遭遇，那你首先要从自身去改变。什么是你该做的，什么是你不该做的，你自己要分清楚，做到自尊与自爱。找对了自己的位置，别人才会正视你的价值。"

梅子听了朋友的话，神色黯然。

在这个世界上，每一个人，尤其是女孩，要想得到别人的尊重，首先要学会尊重自己。其实，梅子的伤痛何尝不是某些女孩的伤痛，如果总是这样不懂得自尊自爱，你最终会在这样的游戏中迷失自己。女孩，要找准自己的位置，找回迷失的自己，懂得珍惜自己，保护自己。只有自尊自爱，才会让你避免遭受那些不公平的责难与羞辱。

做一个自尊且自爱的女孩，即便是一杯苦咖啡也能喝出情调，即便是一次傍晚散步也能踏出诗情画意。自尊、自爱的女孩，她把每一次恋情都演绎至纯净，把每一件衣服都穿出品位，把每一款饰品都戴出光彩与尊贵。自尊、自爱的女孩，她同样诠释着女孩的不同角色，而且堪称完美演绎，她会是一个好女儿，好妻子，好母亲，是姐妹的知心，是异性的知己。做一个自尊、自爱的女孩，会在珍惜与爱护自己的同时，赢得所有人对你的尊敬与敬重。

有自己的主见，别事事听从别人的意见

在生活中，有一种女孩很有味道，如果你想问是什么样的女孩，其实答案很简单：有主见的女孩。一个女孩外表再漂亮，在她们身上所表现出来的美丽，总会有消逝的一天。而只有人格独立的女孩，才是永恒的魅力女孩。一个女孩的人格获得了独立，那她就会有自己的想法和观点，这就是一个有主见的女孩。时代赋予了女孩很多的财富，比如，知识、能力，女孩不再是"无才便是德"，她们在自己的工作和事业上也可以独当一面，甚至创造出属于自己的一片天空。她们逐渐有了自己的追求，不再把男人当作自己的全部。无论是说话还是做事，她们都会有自己的想法和意见，走自己的路，让别人去说。事实上，这样有主见的女孩才更有味道。

当然，女孩有主见并不意味着固执己见，更不是孤芳自赏。有主见的女孩也会善于听取他人的意见，善于把自己的想法说给他人听，取得对方的认同和支持。真正有主见的女孩，并不会固执和任性，更不是只相信自己。任何事情都有一定的限度，女孩需要特别注意，掌握适当是有主见，过度则成为固执。有主见的女孩更需要灵活地处理各种事情，在相信自己的同时也需要考虑他人的意见，千万不要一意孤行。因为，有主见的小女孩比固执的大女孩更容易获得成功与幸福。

小乐和老公是大学同学，当时性格内向的小乐暗恋了老公3年，到大四那年，才经过朋友的撮合与老公走到了一起。小乐很爱她的老公，大学毕业后为了跟他留在同一座城市，她毅然放弃了高薪的工作。一晃他们已经结婚十多年了，小乐却从来没有和他吵过架，小乐不敢跟老公吵架，怕因此破坏了他们之间的感情。老公在工作上平步青云，工作越来越忙，总说需要在公司加班而留在单位宿舍住。小乐隐隐觉得老公是在回避自己，回避这个家，但她依然很相信他，从来不过问。

直到有一天，小乐偶然在老公的衣服口袋里发现一张纸条，一看笔迹就知道是女孩写的，纸条上用极其暧昧的语气诉说着思念，小乐呆住了。但她还是把字条塞了回去，她想来想去，还是没敢和老公说起这件事情，只是在心里担心。没想到过了几天，小乐在商场的时候，无意中看见自己的老公和一个女孩手拉手走在一起，显得十分亲密。小乐悄悄地跟在他们后面，看到他们一起看电影，一起吃饭，两个人有说有笑，看起来非常开心。小乐不敢走上前去，只好跟在后面，最后看到他们一起走进了酒店。当天晚上，回到家的小乐彻夜难眠，她想也许是自己太放纵老公了。

小乐一个人想了好几天才鼓起勇气向老公提起这件事情，没想到老公居然毫不隐瞒地承认了，并问小乐想怎么样。小乐没有吵闹，只是流着泪苦苦哀求老公不要再继续下去了，希望他能够回心转意。可是无论小乐怎么哀求，老公都缄口不言，他好像已经铁了心肠。

其实，女性要有自己的主见。小乐一味地忍让并不是夫妻之间的相处之道，小乐不敢与老公吵架，并不是她没有一丝怨言，而是她缺乏主见，对老公总是百依百顺，委曲求全，没有自己的想法，从而失去了自我。两个人之间的感情是需要共同付出和培养的，如果你不懂得如何经营，只是依附于对方，那么最终只会让感情走向破裂。

心理学家认为，女孩往往是感性胜过理性，这使得她们在对待友情、事业、婚姻时优柔寡断、犹豫不决。其实，这是阻碍女孩发展的致命弱点，很多女孩把自己定格为"弱者"，似乎自己就是任人摆布的洋娃娃，不会自己说话，不会自己做事。当她们在友情、事业、婚姻里遭遇了痛苦，她们会抱怨他人的薄情、自己的命苦，其实悲剧都是她们自己造成的。当你已经失去了自我，又如何让别人来尊重你呢？所以，女孩要学会人格独立，只有你看重了自己，别人才有可能尊重你。而那些有主见的女孩，她们往往容易突破常规，容易坚持自己的原则，按照自己认定的方向坚定不移地走下去，因而她们更容易获得成功与幸福。

当她还是一个女孩子时，父母就告诉她要成为一个有主见的人。父母从来不会强迫她干什么，只是提出自己的建议，就连购买袜子这样的事，母亲也会听她的意见。

大学毕业后，她放弃了父母建议的稳定工作，找了一份适合自己的工作。在待遇微薄的岗位上，她却干得有声有色。上司对她的评价只有短短的一句话："你是一个很有主见的女孩子，我很欣赏你。"在工作中，她有许多自己独到的见解，而且她从来不掩饰，总是直言不讳地说出自己的想法；在生活中，她特立独行，对社会问题常常有独到的见解，这使得她的朋友圈子越来越宽。如今，她已经创办了自己的公司，同时，她也找到了欣赏自己的另一半。

有主见的女孩，她们的气质最迷人，也最富有智慧。独立的人格使她们有了自己超凡脱俗的追求，彰显出卓越的才能。即使在纷繁复杂的社会里，有主见的她们也能够占据一席之地，且不断地展现出自己的性格修养美。

独立有主见的女孩，她们的身上有一种持久深刻的魅力，也是一种致命的吸引力。或许，大多数男人喜欢女孩的温柔贤惠，但他们更喜欢女孩的独立。有主见的女孩是可爱的，从骨子里流露出来的独立，让她们更容易获得爱情和幸福；有主见的女孩是快乐的，她不会盲目地听从别人的话，也不会被他人的言论所左右，她掌控着自己的人生，所以走得更加坦然；有主见的女孩是勇敢的，她们敢于做其他女孩不敢做的事，遇到挫折会勇敢面对，敢于逆水行舟，不害怕他人的嘲讽，坚持走自己的路。做一个快乐的有主见的女孩，走自己的路，让别人羡慕吧！

温婉平和，气质女孩的独特风格

女孩美丽如花，女孩魅力如珠，她们温婉平和，恬淡如菊，清新如茶，轻盈如歌。生活中，有的女孩清新淡雅，有的女孩聪明美丽，有的女孩善良真诚，这些姿色各异的女孩身上有着不同的魅力。其实，我们都忽视了另外一种平和温婉的女孩，从她们身上体现出来的是无尽的温婉，如同山里的清泉，涓涓细流，一直流到你的心底；又恰似冬日里的阳光，一点点温暖你冰冷的心；又如竹林里的风，暗香长留，清美幽远。平和温婉的女孩，相对于其他女孩，她们身上多了一种味道，那是一种繁华落尽的淡然，一种脱俗于尘世的优雅。在生活中，平和温婉的女孩并不少见，她可能是你的母亲，可能是你的妻子。仔细观察她们你会发现，平和且温婉的女孩，尽显女孩味。

　　她和他是青梅竹马，从小一起长大，在他们10岁那年，在村里的老槐树下，他许下了长大后一定要娶她的承诺。她为了这个承诺，不惜放弃自己的学业，南下打工挣钱供他继续上学。

　　他大学毕业了，在省城找了份不错的工作，把她接到自己身边来。他看起来还是那么年轻，而她因为工作的辛苦已经过早地显得有些苍老了。看着瘦弱的她，他很心疼，让她在家里做全职太太。他的工作能力越来越突出，没过几年就升职为副总了，于是在外面的应酬越来越多，晚上回来得越来越晚。而她在家里带着小孩，专心做好太太。她每天早上很早就醒了，起来为他做好早餐，为他把衣服找出来放在床边，西服总是那么笔挺，袜子总是那么洁白。她是一个温婉、平和的女子，对此，他很感激她这么多年来对自己无尽的温柔，让他能够安心在外面攀登事业的高峰。可是，当他出了门，看着花花绿绿的世界，难免会花了眼。

　　他开始整夜整夜地不回家，她也不追问他去了哪里，只是偶尔打个电话问他吃饭了没有，当他接到这样的电话时，心里会有所愧疚，但是放下电话之后又把她忘记了。他有一个月没有回家了，但她还是带着孩子守在家里，只是神色有点落寞。

　　有一天，他回来了，满身的疲惫。她只是默默地洗他换下的衣服，在厨房为他煲汤，并从储蓄柜里拿出自己多年积存下来的厚厚的一叠钱。他流着泪，抱着她说："对不起。"她只是拍着他的肩膀，微笑地说："回来就好。"事情的真相她已经知道了，他被骗了钱，工作也因为疏忽而被降了职。

　　他们又重新回到了往日幸福的日子，他下了班就回家，晚上还会拉着她出去散步。她靠着他有力的肩膀，感觉很幸福。

　　那一句"回来就好"，比任何话都有力量，温婉而平和的态度是一种温柔的力量，足以安抚男人那已经脆弱的心。温婉且平和的女孩就是爱的化身，她把爱恋献给丈夫，把慈爱留给孩子，爱在她们身上体现得尤为伟大。有人曾说，上帝创造女孩最大的成功，不是赋予她们外表的天生丽质，而是一份女性特有的温婉。对于每一个女孩来说，温婉是一种智慧，是一种人生的境界，更是女性独有的气质，是女孩柔情似水的展现。

江南女孩的温婉与淡定，用在梅婷身上非常恰当，她闯荡演艺圈十余年，一路走来，四平八稳，在低调中给人带来惊艳。"靠近我，温暖你"是梅婷博客的名字，在现实生活中，她身上也散发出一种温婉而平和的韵味。

平日里，梅婷的生活很随心所欲，她常常是衣着简洁、素面朝天地走在大街上。对于女演员来说，拥有好的肌肤就像是拥有另外一张脸，可温婉的梅婷却笑着调侃自己："护肤这两个字几乎从来没有出现在我的字典里，如果一定要知道秘诀，那就是保证充足的睡眠。"对生活如此平和的女孩，也难怪她不施粉黛也照样能春风拂面。她是一个善于减压的人，无论工作压力多大，所遇到的事情有多烦心，她从不迁怒旁人，而是试着自己去缓和。

如何修炼成为温婉平和的女孩呢？梅婷告诉我们："练习瑜伽是平和身心的最佳途径。"说到瑜伽，梅婷有很多自己的见解。原来，她曾与朋友一起开过瑜伽馆，但由于工作繁忙最终放弃了经营。不过，作为瑜伽的爱好者，她至今还坚持每天练习。梅婷坦言："瑜伽带给我的东西很多，最大的收获就是在运动的同时放松自己，体会内心的安静平和，最终与现实融为一体并找回自我。"

温婉平和的女孩是一尊美丽的雕塑，她们自信、幽默且宽容。许多女孩不在乎父母身体健康与否，不关心身边的人，她们的目光更多的是关注名牌服装或者时尚发型。殊不知，青春和容颜终经不起岁月的沉淀，自己终有一天会老去。而温婉平和的女孩就不会过多地关注自己的容颜，她们把更多的时间留给身边的人。尽管已经不再年轻，但是她们依然如年轻时候那样温柔、精致、真切，在她们身上有一种别致的女孩味。对于每一个女孩来说，你可以不再年轻，也可以不再漂亮，但是却不能不温婉。只有温婉、平和的女孩，才能收获自己的幸福。

认真坚忍，女孩迈向成功的必修课

人们很少会把"坚忍""执着"这两个词语用在女孩身上，似乎女孩天生就是柔弱的代表，她们难以执着，也无法坚忍。事实上，人们有这样的想法是源于封建社会的思想，当下的女性们，将"坚忍执着"这四个字发挥得淋漓尽致。在各个行业，各个部门，女性开始崭露头角，在她们身上，所烙印的不再是"弱者"，而是坚忍与执着，在耐心与耐力的并行下，她们创造出了属于自己的一片天空。看着那些坚忍执着的女孩，我们所感受到的不仅仅是震撼，还有骄傲和一份沉甸甸的责任。原来，坚忍执着并不是男儿本性，所谓"巾帼不让须眉"，与时代共舞的女性，她们将展现出更靓丽的风采。

在旧社会里，女孩要裹足，这意味着女孩的自由发展会受到限制，而且在旧社会的道德体系里，倡导"男尊女卑"的思想。在这样的情况下，女孩对自身潜能的开发极为有限。然而表面看似柔弱的女孩，内心却执着坚忍，如女扮男装、金戈铁马的花木兰，"貂袭换酒也堪豪"的秋瑾。杨澜用自己的坚忍与执着开创了一道美丽的风景线，中国女足凭着自己的坚忍与执着走向了世界。其实，作为新时代的女性，她们不仅继承了前辈的光荣传统，还将其发扬光大。

许多年前，一位颇有分量的女性到美国罗纳州的一个学院给学生发表讲话。虽然这个学院规模并不是很大，但这位女性的到来，使得本来不大的礼堂挤满了兴高采烈的学生，学生们都为有机会聆听这位大人物的演讲而兴奋不已。

经过州长的简单介绍，她走到麦克风前，对着下面的学生们，眼光向左右扫视了一遍，然后开口说："我的生母是聋子，我不知道自己的父亲是谁，也不知道他是否还活在人间，我这辈子所拿到的第一份工作是到棉花田里做事。"

台下的学生们都呆住了，那位看上去很慈善的女孩继续说："如果情况不尽如人意，我们总可以想办法加以改变。一个人若想改变眼前的不幸或无法尽如人意的情况，只需要做这样一件简单的事。"接着，她以坚定的语气说："那就是我希望情况变成什么样，然后全身心投入，朝理想目标前进即可。"说完，她的脸上绽放出美丽的笑容："我的名字叫阿济·泰勒摩尔顿，今天我以唯一一位美国女财政部长的身份站在这里。"顿时，整个礼堂爆发出热烈的掌声。

阿济·泰勒摩尔顿是一个柔弱的女性，一个曾经没有任何依靠、饱受生活磨难的女性，而恰恰是这位表面柔弱的女性，竟成为美国唯一一位女财政部长。说到自己的成功，她轻描淡写地说："我希望情况变成什么样，然后就全身心投入，朝理想目标前进。"这句看似平淡的话语中，透露出她作为一个女性的坚忍执着。我们甚至可以假设，如果没有坚忍执着的品质，阿济·泰勒摩尔顿能与苦难的生活抗争吗？如果缺乏了执着的精神，她能完成自己的人生理想吗？是的，正是有了坚忍执着的品质，阿济·泰勒摩尔顿完成了自己的梦想，同时，也给无数女性树立了榜样。

在现实生活中，女性所面对的压力很大，比如，在下岗的职工中，女性所占的比例比较大，还有一些公司的用人要求带着明显的性别歧视。在这样的情况下，女性就越要彰显新时代女性的风采，拿出内心的坚忍与执着，朝着自己的梦想、目标前进，所谓"江山代有人才出"，在新的机遇、新的挑战中，相信会有更多的巾帼英雄脱颖而出。

杨润丹是美国杨氏设计公司的总裁，同时，她也是一位资深生活设计师。早年，她毕业于纽约大学的室内设计专业，后来在美国密歇根大学获得硕士学位。作为设计行业的领军人物，她已经从事设计工作30年了。在工作中，她倡导创造高品质的生活，并将不同的潮流设计带入室内外的设计中。与此同时，她所创造的品牌不断发展壮大，得到了越来越多的支持与认可。

初识杨润丹，发现她是一个优雅恬淡的女子：细柔的言语、恬淡的笑容。但是，随着交谈的深入，很快发现她并不是一个柔弱的女子，她的

骨子里有着一份比男人更强的坚忍、执着。在受传统思想影响的社会，一个女孩想要做成事真的很难，她们往往需要比男人付出更多。杨润丹说："我并不想做一个女强人，也不喜欢别人这样称呼我。在中国，大部分女性都很优秀，而我只是找到了自己想要坚持和努力的信仰，凭着那份坚忍与执着一步步走下去而已。"

早年，移居美国的杨润丹随着父亲第一次踏上中国，后来由于工作需要，便常常往返于中国与美国之间。随着对中国的熟悉，心有志向的杨润丹决定在中国成立工程公司。刚开始创业的时候，她白天做设计，晚上去工地检查、指导、学习，回忆那段辛苦的日子，她说："一个人在北京，我们没有任何背景，没有任何关系，一开始赔了很多钱，无数次地想背包回去再也不来了。可是我想这么多人跟着我，就是相信我，所以我只能成功，不能后退。"

杨润丹，一个耐心与耐力并行的女子，她心中的那份坚忍与执着，为其成功奠定了扎实的基础。

问到成功的秘诀，杨润丹坦言："耐性是杨氏在中国成功的秘诀。"而那些坚忍执着的女子，从来不缺乏耐性与耐力。其实，做人与做事有异曲同工之妙，做成一件事情，必然要经历挫折与困难，在这时若是不够坚忍，缺乏执着的精神，那他肯定不会成功。做人也是一样的道理，保持内心的坚忍与执着，耐心与耐力并行，不断修炼自己的性格，如此，你才会成为新时代的靓丽女性。

内心强大
淡定优雅

第 3 章
心态修养：好心态让女孩尽情享受惬意人生

　　自古以来，无论是从生理还是心理上，女性一度被认为是弱者，是男性保护的对象，这导致了中国几千年男尊女卑的社会状况，究其原因，这与女性对自身的定位有关系。而现今社会，很大一部分女性，也希望和男性一样，希望获得成功，但却经不起成功路上的压力、磨难等，要知道，生活中每一个成功者无不是心态的主人。不管我们做什么，首先应该学会保持良好的心态。人的心态对于一个人的生活是幸福还是不幸，是快乐还是忧伤，是成功还是失败具有很重要的作用。如果你有一个乐观积极的心态，自始至终都保持一种平和的心态，无论你处于什么样的生活环境中，也不管你的人生有多大的挫折，你都会有幸福的生活！

即便身处逆境，也别让悲伤遮住双眼

女孩大多数都是理想主义者，她们总是幻想着美好的未来，浪漫的爱情，幸福的生活。可是，当现实犹如一盆冷水浇在头上的时候，她们才意识到自己的错误。于是，当女孩面对这些现实问题的时候，总是会产生悲观的心理。自己对生活的期望很高，但现实世界是冷冰冰的，社会是残酷的，所以她们的心里便会充满失望、灰心，甚至绝望。悲观的心理会逐渐影响到其生活和工作，让她们的人生停止前进的脚步，也使她们对生活失去信心。悲观如同人生的绊脚石，它总是在人们前进的时候，出其不意地横亘在路中间，阻碍其前进的步伐；若是想去干点什么事情，也总是担心这担心那的，结果却一事无成。在生活中，每个人都要远离悲观，尤其是多愁善感的女孩，只有远离了悲观，你才会拥有一颗明媚的心。

在战争期间，王太太的主要工作是建立和维持一份在作战中死伤和失踪者的人名记录，并且帮助发掘那些在战争中被打死且被草草掩埋的士兵，同时还收集那些战士的私人物品，并且将那些物品准确地送到他们的朋友和家人手中。

她整天因为自己的工作而筋疲力尽，对自己处在战争的环境而悲观。她担心自己不能撑到明天，担心自己不能活着回去抱一抱唯一的儿子。她的儿子16个月了，但是从孩子6个月以后，她就没有见过他。

她整天劳累地工作，紧紧绷住的神经让她憔悴不堪，她的体重足足减

轻了15千克。虽然自己的身体如此瘦弱，但是她仍然疯狂地担心、忧虑，眼看着自己瘦得只剩皮包骨头却毫无办法。她自己不能想象，她怎么可以这样瘦弱不堪地回家面对家里的孩子。因此，她像一个孩子一样，哭得浑身发抖。这样的日子持续了很久，她几乎丧失了正常人的生活能力，最后战争结束了，她被送到医院去治疗，才保住了自己的生命。

所谓"悲观败事"，由于内心的悲观，王太太几乎丧失了正常人的生活能力，终日沉浸在虚无的痛苦世界中。为过去和未来担忧，只会给自己带来消极的影响，请试着将悲观抛向远处。虽然，人类的历史是（用）一支悲凉的笔所写成的：杀戮、瘟疫、饥饿、贫穷，但只要我们想到自己现在过着比过去要好几十倍的生活，就不会再悲观，也不会再担忧，心也会开始平静下来。

难道女孩天性就比较悲观吗？她们的悲观又来自何处呢？

1.内心缺乏安全感

女孩似乎天生就比较悲观，这表现在她们对待爱情、生活的态度上。许多男人坦言："女孩很奇怪，为什么总担心不好的事情发生。"有的女孩在结婚之前会担心两人不适合，结婚后会担心老公有外遇，担心在很多年后，生活会变得像白开水一样。女性天生的多愁善感，使得她们的心里在大多时候充满了悲伤，对未来看不清，总是担心这个，忧虑那个，这些都是她们内心缺乏安全感的结果。其实，每天花那么多时间和精力去想这些事情有什么意义呢？反而增加了自己的烦恼，让自己变得更忧郁。

2.源于内心的不自信

其实，女孩产生悲观心理的一部分原因是来自于自己的不自信。当她们自身的能力、魅力遭到否定的时候，就会产生悲观情绪，甚至一蹶不振。这时候，她们自己也不再相信自己了，自己把自己否定了。一个悲观的女孩，深陷于痛苦中，很挣扎，希望得到别人的帮助，于是她们很想求助于别人，可是孤独和害怕被拒绝的心理使她们往往不敢去求人。自卑的心态，让她们自己也无法正视自己的脆弱，只好以假装快乐的方式来掩饰自己内心的悲伤。

3.低沉的心情

忧愁和厄运常常成为悲观女孩熟悉的生活。当她开始面对自己生活的时候，总是充满了消极的情绪。她们一直沉溺在过去的挫折中，不断地想起自己悲惨的过去，悲叹现实的残酷，并且还"未雨绸缪"地预言将来的苦难。她们就像鲁迅笔下的祥林嫂一样，总会对别人提及自己的不幸。她们的心情总是阴暗、低沉，没有一丝阳光。无论在哪里，无论干什么，她们总是显得心事重重、闷闷不乐。

那么，如何才能控制悲观的情绪呢？

远离悲观，需要保持积极向上的心态。如果生活的烦恼困扰着你，不要悲观，不要失望，不要灰心，时刻用一颗乐观的心去看问题，你就会发现，事情并没有你想象中那么糟糕。"面包会有的，牛奶也会有的。"如果你这么安慰自己，就会发觉自己所遭受的没什么大不了。想一想那些在病床上与病魔抗争的人，想一想那些在地震中失去双腿的人，想一想那些流浪在街边无家可归的人，你就会觉得自己是一个多么幸运的女孩。至少，你有温暖的家、爱你的人、健康的身体，你又何必整天为那些小事而悲伤呢？悲观让你失去对生活的信心，而积极乐观的心态会让你重拾信心，并且会让你拥有美好的人生。

许多女孩之所以能够成功，就在于她们能够克服自己消极的情绪。她们通常能够以乐观的心态去面对各种情绪的影响，所以情绪的承受能力很强。她们能时刻对自己充满自信，保持积极向上的生活态度。所以，当她们遭遇悲伤的时候，能通过适当的途径克服沮丧情绪所带来的困扰，并且能及时地回到正常的工作和生活中。一个女孩，要对生活充满信心和希望，保持乐观、积极向上的精神，你才有勇气和耐心去克服生活中一个又一个的艰难险阻。

乐观豁达，让女孩的内心充满阳光

一个女孩如果能长久地保持乐观的心态去面对每一天的生活，那她无疑是让人钦佩的。每个人的人生旅途都不会一帆风顺，总会遇到这样或那样的挫折与坎坷，这时候就需要我们用乐观豁达的心态去面对。如果你是一个典型的悲观主义者，遇到困难只会唉声叹气、怨天尤人，甚至选择去逃避，那么你人生剩下的就只有困难；如果你能以乐观的心态去面对生活中的每一次挑战，你就会积极奋发，致力于寻求解决问题的方法，最终你的人生路上会芳香四溢，开满成功之花。对于许多女孩来说，需要保持乐观豁达的心态，因为良好的心态是女孩最佳的化妆品，它会让女孩变得更加年轻美丽。

卡耐基说："如果你每天有足够的新鲜水可喝，有足够的食物可吃，就不要再抱怨任何事情。"人生的快乐就在于乐观豁达的心态，也许每天我们都会面对一些让自己烦躁的事情，可是想想只要还能吃饱喝足，这就是人生最大的幸运。不要用自己心里的放大镜去放大每一个不幸，这样只会让你觉得自己是世界上最悲惨的人。抱有这样的心理只会让你对生活失去信心，对自己失去自信，你的人生终将会在悲惨中度过。有时候，不幸与幸运只有0.01毫米之差，聪明的女孩心胸豁达，她们总是能够让自己的不幸转化为幸运，那其实并不是什么魔力，而是一种乐观心态。所以，无论你的生活遭遇了什么变故，都要放开自己的心胸，学会享受生活，你才会感受到生活的乐趣。

波姬·戴尔是一位眼睛有残疾的女孩，她只能靠一只满是疮疤的眼睛左边的小洞来观察这个世界。可是，她并不悲观，而是时刻保持豁达乐观的心态。当她看书的时候，她必须把书贴近脸，然后眼睛努力往左边斜，她拒绝别人的怜悯，而靠自己的心情来享受生活的快乐。

小的时候，她渴望跟其他孩子一样玩跳房子，但是由于自己眼睛的关系，她看不见地上的线。**她想：就靠我自己，肯定会比他们更优秀的。**于是，她等伙伴们都回家了，自己一个人趴在地上，将眼睛贴到线上看来看去，并且牢牢记住画线的地方。不久之后，她就成了玩跳房子的高手。读书的时候，她把印的大字书紧紧贴在自己的脸上，艰难地学习着，谁也没有想到，她得到了明尼苏达州州立大学学士和哥伦比亚大学硕士两个学位。

完成了自己的学业之后，她开始了自己的教书生涯。通过自己的努力，她不但成为文学教授，工作之余还在一些妇女俱乐部发表演讲，还到一家电台主持读书节目。有着良好心态的她这样说道："我脑海深处，常常怀着完全失明的恐惧，为了打消这种恐惧，我采取了一种快活而近乎游戏的生活态度。"

戴尔并没有因为自己只有一只眼睛能看得见就抱怨生活的不公平，而是愉快地融入生活中。她甚至不需要人们的怜悯，而是希望自己看起来跟别人没有什么两样。事实上，她做到了，虽然付出了比常人多几倍的努力，但她依然活出了最优秀的自己。她把自己身上被别人看成的不幸，变成自己的幸运，并且乐于享受生活的乐趣，所以她能够在失明50年以后，还能通过手术重见光明。

一个女孩保持乐观的心态，会让她在生活中获得幸福，在工作中获得成功。具有乐观心态的女孩总是能从生活的细微处观察，总能把自己的思想引入一个积极的状态。每天用微笑面对生活，用乐观拥抱挫折，是她们的处世之道。一个家庭生活幸福的女孩，一定是一个乐观的女孩，她在面对家里的琐碎小事时，总是一笑了之，把家里整理得井井有条。而一个悲观的女孩，总是对生活充满抱怨，家里总是硝烟四起。要记住：幸福和成功总是眷顾于那些总能保持乐观心态的人，坦然地面对生活，生活也会给你最大的回报。

她今年55岁了，可是显得十分年轻，脸上一丝皱纹也没有，站在人群中，她总是优雅高贵，魅力四射。她曾经离过一次婚，甚至还与前夫对簿公堂，这样的人生会让很多人觉得不那么完美。但她现在的婚姻生活十分

幸福，夫妻相敬如宾，是朋友，也是亲人。

有人忍不住问："你的幸福秘诀是什么？"

她幸福地笑着："保持乐观的心态。"

对她来说，不管是自己的美丽还是幸福的家庭，她的秘诀就是拥有豁达乐观的心态。因为有乐观的心态，所以能够坦然面对自己失败的婚姻，而不是从此一蹶不振。她从自己失败的婚姻里走了出来，对新的生活充满了信心，所以才会邂逅另一段浪漫的感情。而且，她独特的保养之道，让她成为不老的传奇，成为众多女孩的榜样。

女孩都是需要保养的，而乐观的心态就是最佳的保养品。很多女孩或是买昂贵的化妆品，或是进美容院，但最后还是没有留住青春。女孩的年轻不是由外及里的，而是由内及外的。如果你总保持乐观的心态，心里没有抱怨、没有忧虑，那么你自然会赢得岁月，你就是年轻的女孩。乐观就像是一剂神奇的药，它能使一个人躲过岁月的蹉跎而保留年轻的容颜。

塞·约翰逊说："最明亮的欢乐火焰大概是由意外的火花点燃的。人生道路上不时散发出的芳香花朵，也是由偶然落下的种子自然生长出来的。"大凡一个成功的女孩，她都是一个乐观的女孩。因为只有经历了汗水和心血浇灌的果实，才能开出成功之花。心态乐观的女孩总是能够在人生路途中披荆斩棘，奋勇向前。总保持乐观的女孩令人钦佩，因为悲观在寻常的日子里随处可见，而总是保持乐观，就需要坚持和智慧。悲观使人生的路越走越窄，乐观使人生的路越走越宽。女孩学会用乐观的心态面对生活，才会处处充满阳光。

女孩不知足就不能常乐

老子说："罪莫大于可欲，祸莫大于不知足；咎莫大于欲得。故知足之足，常足矣。"意思是说，罪恶没有大过欲望的了，祸患没有大过不知满足的了，过失没有大过贪得无厌的人了，所以，那些懂得知足的人，永远是快乐的。可在现实生活中，许多女孩却常常觉得自己不快乐，那是因为她们心中有一把太精确的尺子，她们总是比较这样，比较那样，可她们忘记了，那把尺子原本就是残缺的。在生活中，经常看见穿着普通裙子的女孩发脾气，尤其是看到别的女孩穿着上万的品牌裙子的时候，她们懊恼极了，她们对身边的人发脾气："为什么？我也一样年轻、貌美，为什么我却要穿这样的衣服，为什么她能穿那样的衣服？"这样的比较，使得女孩心里的落差越来越大，她们彻底变得歇斯底里。如果说快乐源于知足，那么痛苦则源于比较。所以，不要处处去做比较，因为，只有知足才是女孩最大的快乐。

心理学家建议："只要知足常乐，每天你都可以呼吸到幸福的氧气。"不再比较，拥抱快乐，我们才能收获幸福。快乐其实很简单，那就是怀着一颗知足的心，失去了或者根本未曾拥有，那又有什么关系呢？只要自己健康、快乐地活着，那就是最大的快乐。有的女孩常常抱怨："幸福敲响了别人家的门，好运也被别人抢走了，只有我是最可怜的。"但是，当你在抱怨的时候，自己是否意识到一切抱怨都是内心的失衡在作祟呢？

从前有个快乐的家庭主妇，她常说："我虽然只是一个厨娘，但是我一直在尽我所能让我的家人快乐。我们所需的并不多，一间草房，不愁温饱，家人是我的精神支柱，他们很容易满足，哪怕我带回一件小东西，他们都会感到很快乐，所以，我也感到十分快乐。"可这样的快乐，自从邻居搬来之后就消失了。这位主妇陷入了烦恼之中，总是感觉自己缺点什么，她感到十分纳闷，为什么自己突然变得这样痛苦呢？

新搬来的邻居是一个大地主，有良田千亩，新盖了大院子，里面种满了玫瑰花。主妇嗅到了花的香味，想到丈夫常送给自己的野花，心中不由得来了一阵怒气，冲着正在干活的丈夫就是一顿骂："瞧你那样儿，这辈子注定了没出息，我真是命苦啊，怎么跟了你这样一个穷光蛋。"挨骂的

丈夫很委屈，在这之前，她可从来没埋怨过他穷啊。

主妇偷偷观察了邻居，发现他们家的房子比自己家的大，人比自己家的多，钱也比自己家的多，吃得比自己家好，穿得也比自己家好……总而言之，自己家能拿出手跟人家比的什么都没有，而且更可气的是，邻居的那位夫人总是穿金戴银地在院子里走来走去，惹得主妇心里直痒痒。主妇紧皱眉头，决定从明天开始，加倍努力工作，争取挣到更多的钱，这样就能够与邻居互相比较了。由于前一天晚上想事情太累，第二天早上主妇起来得比平时晚，情绪也变得很差，对家里大吼大叫，责怪他们没有及时叫醒自己，影响了自己财富目标的实现。主妇匆匆来到厨房，她看起来愁容满面，不再像往日那样兴高采烈，不再哼快乐的小曲，只顾埋头拼命地工作。

一切的痛苦都来自心中的欲望：因为想得到的没能得到，因为别人所拥有的自己却没有。这一切促使心理失衡，所以才会有人抱怨生活的不公平，甚至将怒气发泄在身边无辜的人身上。越是不知足，越是苦恼，心中的窟窿会越来越大，它就像黑洞一般，吸走了所有的快乐。女孩要学会知足，才不会因生活中的琐事而耿耿于怀；学会知足，才不会因生活的烦恼而忧心忡忡。只有知足常乐，方能贴近幸福。

有一对头发斑白的老人，几乎每天晚上都会依偎在海边的一条长椅上，他们俩总是安静地坐着，脸庞上始终挂着一种祥和的微笑。

有一天，一位年轻的人走到他们俩身边，轻声招呼说："你们也喜欢看海吗？"老人微笑着朝着年轻人点头示意，然后抬手指了指身边的老伴。这时，年轻人才发现原来他是一位双目失明的盲人，而妻子竟是一位聋哑人。年轻人有些不好意思，他为自己刚才的失言感到后悔，可是，在那两位老人的脸上却找不到一丝不悦，那位老太太用极其温和的语气说："是啊，我们老两口经常来看海，你一定会感到奇怪吧，其实，只要彼此心灵相通，我们也能看到美丽的景色。"

面对身体的残缺，两位老人的神情没有半点遗憾，唯有知足的快乐。

如果你还在抱怨你的另一半，四处比较你的另一半，你应该读读这个故事。要明白，真正的幸福，不是剔除对方身上那一点点微不足道的瑕疵，而是要把握好自己手中的幸福与快乐。学会包容，学会珍惜，学会知足，才能从心灵深处感受到生活的快乐。

活在他人的眼光中，你怎么会快乐

有人说："草木的一生活在风雨中，而人的一生是活在流言中。"是的，的确是这样，在这个世界，没有一个人能够脱离社会而独立存在，以至于我们做什么事，说什么话，都很容易受到他人的影响，有可能是不屑的眼光，有可能是流言蜚语，而他人的这些举动恰恰会触及我们内心的痛处。如果自己的心不够坚定，就很容易受他人的影响，从而导致自己走岔了路。其实，只要我们坦荡为人，他人的眼光、流言蜚语不过都是"浮云"。有句话说得好："走自己的路，让别人说去吧。"一个人活着，那就是为自己而活，其他人不过是我们生命里的过客，如果你在乎别人怎么说，在乎别人怎么看，那就是为别人而活。事实上，我们不能改变这个世界，但是，上帝赋予了我们改变自己的机会，只要自己坦坦荡荡，其他人的眼光和声音又算得了什么呢？努力追求自己想要的东西，这才是一个无悔的人生。

生活中，大多数女孩都生活在肯定与否定之中，她们陷入了一种自我矛盾的心理。在很多时候，她们清楚地明白自己想要去干什么，但是，却又担心别人的眼光，担心别人在背后说三道四，到最后，没有人强迫她们，她们也会自己先败下阵来，放弃了之前的想法。女孩天生缺乏安全感，心中总有一些不确定的因素，导致了她们在说话做事方面很容易受他人态度的影响，若大家都表示支持，那她们会毫不犹豫地放手去做；若有人表示异议，或露出不屑的眼光，她们则会陷入矛盾之中。从小我们就

被灌输固定的思维模式，非对即错，但由于观念不一，无论我们做什么事情，都会有人在阴暗的角落里指手画脚、大发议论，其实这是很正常的现象。因此，不必去理会那些眼光和声音，最重要的是不让自己有遗憾的机会。

小资是一名歌手，以前，她也有过抱怨的时候，每次上节目，她都会抱怨："我太辛苦，实在受不了压力太大的生活。有时候，我很在意歌迷、媒体的声音，为了讨好他们，我一年发行两张专辑，但我又想把工作做得更好，这样的工作量简直令我崩溃。"以前的工作时间安排得很紧，如果白天上通告做宣传，晚上还要去录音棚完成下一张专辑的录制，这样的生活超出了小资可以承受的范围，每天，她都感觉到很累，但是心中的怨气却无处诉说。最后，在内心快要崩溃的时候，她选择了退出歌坛。

在四年的休息时间里，小资做自己喜欢的事情，她说："以前大家都是看我怎么变化，现在我是用自己的脚步来看大家的改变。虽然，现在我年纪大了，似乎变得老了一些，但年龄并不是我能掩盖的东西。我也想永远年轻，但我懂得这就是时间给我的礼物。在我成长的过程中，我得到的最大的一份礼物是明白只需要做自己喜欢的事，不用在意他人的眼光和声音，坦坦荡荡，跟着自己的步伐，在以后的时间里，如果我能完全坚持自己的选择，那就是最好的生活。"

最近，小资复出了，在工作上，她已经与唱片公司达成了一致的意见，不需要拿任何事情炒作新闻，同时，不需要为了赢得名气而故意虚报唱片的数字。可以自由自在地唱歌，这是小资最喜欢的一种状态。

她这样告诉所有的媒体："我不需要在意所有人的眼光，我只需要做自己喜欢的事情。"然而，就是这样一句话，令所有的媒体工作者既羡慕又嫉妒。对于媒体工作者，他们的工作就是在讨好所有的人，在意许多人的眼光和声音，从而将自己的委屈和自尊放弃。每天都有许多人为了人际交往，十分在意他人的眼光和声音，他们在这样的过程中感到很累，甚至感觉到心力透支。

　　阿丽和小娜是一对好朋友，年龄相仿，气质相近，性格相投，又在一个单位工作，人们经常看到她们形影不离地在一起说笑。本来，她们不过是朋友，但时间久了，引起了同事们的注意，唯恐天下不乱的好事者说三道四，风言风语四起。

　　终于有一天，关于怀疑她们是同性恋的话传到了她们的耳朵里，甚至还传到了她们的家里，给她们的家人造成了伤害。在公司里，同事经常在她们背后指手画脚，看她们的眼光也格外奇怪。面对这样的情况，阿丽十分生气，成天闷闷不乐，心事重重，她开始与小娜划清界限，故意不跟她说话，不跟她一起吃饭和逛街。她以为自己这样做，那些流言蜚语就会消失，没想到却变成了"两人最近在闹别扭呢"。阿丽越想越生气，忍不住在办公室里大哭起来。

　　而小娜听到这些流言蜚语，并没有放在心上，好像什么事情都没有发生似的，她还经常劝说阿丽，不要去在乎别人的看法。没过多久，办公室里的流言消失了，可阿丽却像变了一个人似的，以前那个乐观快乐的她不见了；而小娜还是那么开心、阳光。有人问她："别人说你坏话，诽谤你，泼你污水，你怎么不生气？"小娜回答说："真的假不了，假的真不了，只要我为人坦荡，谁能影响我？对那些人的诽谤，最好的办法就是当作什么也没有听见一样。"

　　面对同事奇怪的眼光和议论声，阿丽崩溃了，导致自己陷入了痛苦的旋涡中，以至于误会被澄清之后，她还是郁郁寡欢。作为同是流言中主角的小娜，她的反应就不一样了，对于那些流言蜚语，她当作什么都没听见；对于同事奇怪的眼光，她当作什么都没看见。所以，她还是那么乐观、开朗，一点不受他人的影响。其实，只要我们为人坦荡，正所谓"身正不怕影子斜"，那些声音和眼光不过都是"浮云"，我们根本没有必要去理会，做好自己就行了。

放宽胸怀，用欣赏代替对他人的嫉妒

古人曰："人有才能，未必损我之才能；人有声名，未必压我之声名；人有富贵，未必防我之富贵；人不胜我，固可以相安；人或胜我，并非夺我所有，操心毁誉，必得自己所欲而后已，于汝安乎？"嫉妒，是毒害纯洁感情的毒药，是吞噬善良心灵的猛兽，是丑化面容的黑斑，它来源于你心中的狭隘与不自信。女孩，或许从来都是被嫉妒者或嫉妒者，细腻而又敏感的心思导致了她们很容易产生嫉妒心理。培根曾说："在人类的一切情感中，嫉妒之情恐怕是最顽强、最持久的了。"在众多心理状态中，嫉妒是一种病态心理，基于内心的狭隘和不自信，许多女孩总觉得自己处处不如别人，埋怨上天的不公平。虽然，"嫉妒之心，人皆有之"，但是，如果这种心理不及时根除，那它就会越来越紧地束缚我们的内心，使我们的心灵透不过气来。换句话说，嫉妒其实是害人害己，单对自己而言，是在无限地苛责自己，根本就是与自己过不去。

法国科学家拉罗会弗科曾说："嫉妒是万恶之源，怀有嫉妒心的人不会有丝毫同情。"嫉妒是心灵的地狱，喜欢嫉妒的人总是拿别人的优点来折磨自己，有可能是嫉妒他人的年轻，有可能是嫉妒他人的长相，有可能是嫉妒他人的才学……正如一句谚语所说："好嫉妒的人会因为邻居的身体发福而越发憔悴。"许多女孩想当然地认为嫉妒是对他人的一种挑衅，是一种心理战术。实际上，她们想错了，嫉妒本身对他人或许没有实质性的伤害，可女孩一旦踏上了嫉妒之旅，就等于陷入了万劫不复的深渊。她们总是生活在那个狭小而罪恶的圈子里，终日想着怎样才能解心头之恨，不断地苛责自己，折磨自己，直到她们自己也被嫉妒吞噬。

由于内心的嫉妒，有的人将自己置于一种心灵的炼狱之中，不断苛责自己，折磨自己，但是最后他们却一无所得，只剩下内心无比的痛苦。嫉妒伤身又伤心，嫉妒者把时光用在阻碍和憎恨别人身上，而不是潜心于自己的心灵修炼。如果你心中常怀嫉妒之心，需要正视它，不断地反省自己，改善自己的品行。

早上，王雯穿着新买的裙子上班，心里别提多美了，心想：这身打扮应该会把办公室那群人给比下去，不知道多少人会称赞自己有品位呢。她一边想着一边乐，忍不住对着公司大门的镜子整理头发。来到办公室，王雯还没来得及炫耀自己的新裙子，就看到一群人围着李倩，大家嘴里发出阵阵赞叹声。王雯心中顿感不快，挤着围过去一看，原来李倩今天也穿了新裙子，不过，无论是款式还是质量，都在自己所穿的裙子之上。王雯看了一眼，满脸不屑，气冲冲地走了，身后传来同事的议论："她总是这副样子，爱比较，比了又生气，真是搞不懂这个人……""可不是嘛，要我说啊，她就是嫉妒心在作怪，每次都这样，我们都已经习惯了。"

听了同事的议论，王雯怒火腾地升起，她回过头，大声责问道："你们说谁呢？"同事纷纷走开了，只留下脸红脖子粗的王雯。生气的王雯进了卫生间，对着镜子重新审视自己的裙子，越看越生气，一气之下，王雯拉着裙子的下摆猛地一扯，本来只是想发泄心中的怒气，没想到新买的裙子居然被扯出了一条长长的口子。看着镜子中的自己，王雯气得哭了起来。

对于一些私心较重、心理期望较高的人来说，他们时常会因为攀比把自己气得够呛，到最后，他们也不知道事情到底错在哪里。心怀嫉妒的人，总喜欢以己之长比人之短，喜欢计较个人名利得失。然而越比较越痛苦，他们感觉自己真的"吃了亏"或"运气不好"，甚至开始抱怨自己"生不逢时"。其实，在这个过程中，他们只是在不断地苛责自己，折磨自己，说到底，根本就是自己跟自己过不去。最后，他们只能吞下自己嫉妒心理所结成的苦果。

能屈能伸，聪明女孩懂得变通

哲学家曾经说："你改变不了过去，但你可以改变现在；你想要改变环境，就必须改变自己。"在这个世界上，没有任何东西是一成不变的，很多时候，需要我们学会变通，能屈能伸，如此才能保全自己。正如"条条大路通罗马"，通往成功的路数不清，但你依然可以选择改变自己的途径，踏上成功之路。在生活中，不少女孩是一根筋，不懂得变通，常常是一条胡同走到黑，到最后什么也没有得到。在纷繁杂乱的社会中，灵活变通是做人不可缺少的法宝。正所谓"变则通，通则久"，说的就是这个道理。聪明女孩，要懂得变通，能屈能伸，如此才能修炼良好的心态。

但在现实生活中，总有那么一些女孩，凡事愿意较真，喜欢钻牛角尖，思维僵化，不懂得如何变通，他们从来不考虑事情的多面性与多样性，只认定一个想法，最终撞进了一条死胡同，这就是不懂得灵活变通的后果。虽然在生活中，我们需要那么一股子劲儿，但是，适当的时候，也要学会变通，才能达到成功的顶峰。有的时候明明可以绕道而行，轻松抵达目的地，但有的人却喜欢一条路走到黑，结果把自己撞得头破血流，这又是何苦呢？

未来并不是只有一个方向，世界也并不是只有一个样子。只要你学会了灵活多变，抛弃"头撞南墙不回头"的观念，做一个懂得变通的聪明女孩，就能以巧取胜，否则，在通往成功的路途中你只会举步维艰。

王国维在《人间词话》里说："诗人对于宇宙，须入乎其内，又须出乎其外。入乎其内，故能写之。出乎其外，故能观之。入乎其内，故有生气。出乎其外，故有高致。"其实，这就是告诉我们：无论是做人还是做事，都需要灵活变通，不能太死板，也不必拘泥于某个地方，这样才能在复杂的社会中赢得成功。

在孙膑初到魏国时，魏王想考查一下他的本事，以确定他是不是真的有才华。有一次，魏王召集朝中大臣，当面考查孙膑的智谋。魏王坐在宝座上，对孙膑说："你有什么办法让我从座位上下来吗？"庞涓在一旁出谋说："可在大王座位下生起火来。"魏王说："不行。"孙膑说："大王坐在上面，我是没有办法让大王下来的。不过，大王如果是在下面，我却有办法让大王坐上去。"魏王听了，得意洋洋地说："那好。"说着就从座位上走了下来。"我倒要看看你有什么办法让我坐上去。"

周围的大臣一时没有反应过来，也都嘲笑孙膑不自量力，等着看他出洋相。这时候，孙膑却哈哈大笑起来，说："我虽然无法让大王坐上去，却已经让大王从座位上下来了。"众人这时才恍然大悟，对孙膑的才华连连称赞。魏王也对孙膑刮目相看，孙膑很快就得到魏王的重用。

孙膑是我国古代著名的军事家，他的《孙膑兵法》到处蕴含着变通的哲学。其实，从这个故事中我们可以看出，孙膑本人也是一个善于变通的人。当魏王提出了"如何让自己从座位上下来"时，孙膑并没有依照常人的思维来分析，而是表示"有办法让大王坐上去"，这无疑就解决了魏王所出的难题，以巧取胜，因而，他也受到了魏王的重用。

在现实生活中，当我们在处理一些问题的时候，绝大多数人都习惯性地按照常规思维去思考，最终，由于不懂得变通而走向了失败。试想，如果我们能学会灵活变通，那么就会在"山重水复疑无路"之后迎来"柳暗花明又一村"。只有变通，才会有所收获，才会取得最后的成功。而那些不懂得变通的人，往往是头撞了南墙，使自己吃尽了苦头。

生活中，那些不懂得灵活变通的女孩，做人循规蹈矩，太死板，以至于只能在原地踏步。实际上，这样的人往往会因为钻牛角尖走向极端，由于总是以自我为中心，总是画地为牢，不敢越雷池半步，最终的结果可想而知，只能自己一个人尝透失败的滋味。对于那些经常活跃于交际场的女孩来说，更要懂得灵活变通，以巧取胜，这样即便是遇到了突发事件，也能轻松应对。如果你明明知道前面是死胡同，还不可一世地钻牛角尖，甚至头撞南墙也不回头，那么，吃苦的只能是你自己。聪明的女孩懂得变通，她们会理智地选择放弃，独辟蹊径，开创自己的新天地。

人生得失，学会坦然面对

生活中，许多女孩站在人生的十字路口，左右徘徊，茫然失措。或者，她们总是用心计算着自己失去了什么，又得到了什么，如此来计较人生得与失，哪怕是一件微不足道的小事，也可以闹得鸡飞狗跳，最终什么都失去了，她们才心甘情愿地认输。高修养的女孩，从来不计较得失：既然失去了，又何须计较呢？既然已经得到了，就更不用计较了。

在许多小事情上，有的人通常有一种飞蛾扑火的决然，有一种执着的勇气，她们很看重生活里的得失，哪怕是蝇头小利，她们也从来不放过。可是，在计较的过程中，她们得到了什么，又失去了什么呢？或许得到了功名利禄、荣华富贵与奢华。但是，失去的是心灵的快乐，失去的是心中的坦然与安乐。一个人若总是把得与失挂在心上，为得到而兴奋，为失去而痛苦，那么，她就无法掌控自己的快乐与幸福，最终，在得与失的起伏中迷失自我。

乔丽是报社的一名记者，最近她接到了一份特殊的采访任务。当她拿到被采访者的资料时，她不禁有些难过，这是一个怎样的女孩：丈夫早些年得重病去世了，欠下了大笔的债务，家里有两个孩子，其中一个还有残疾。女孩只是在一家小型的工厂里当一名女工，用微薄的薪水养着整个家，还需要还债。乔丽一下午都坐在家里，想着：那个女孩家里不知道是什么样子？肯定是女孩和孩子都蓬头垢面，满脸悲苦，又黑又潮的小屋里没有一点鲜活的色彩，即便自己去了，也只会听到不断的哭诉。

那个周末，乔丽满怀深情，按着地址找到个那个女孩居住的地方。当她站在门口，有些不敢相信自己的眼睛，她甚至怀疑自己找错了地方，于是又向女主人核实了一遍。确认无误之后，她开始重新打量这个家：整个屋子干干净净，纸质的漂亮门帘，墙上还贴着孩子上学获得的奖状，灶台上只放着油盐两种调味品，但罐子却擦得干干净净，女孩脸上的笑容就像她的房间一样明朗。乔丽坐在垫有报纸的凳子上，热情的女孩为她拿来了拖鞋，乔丽看见那鞋居然是用旧的解放鞋的鞋底及旧毛线织出美丽图案的鞋帮做成的。

当女孩也一起坐下来，乔丽不禁有些好奇她是怎么把这个家打理得这样舒适的。女孩一边干活，一边微笑着说："我虽然失去了丈夫，但现在我过得很好，得失并不是我在乎的。你看，家里的冰箱和洗衣机都是隔壁邻居淘汰下来送给我们的，其实用得也蛮好的；工厂里的老板、同事也都很照顾我，还会让我把饭菜带回来给孩子吃；孩子们也很懂事，做完了一天的功课还会帮忙干家务活……"

乔丽听着听着，眼睛有些湿润了。

不计较得失的女孩用自己微薄的薪水创造了一个干净温馨的家。试想，如果女孩是一位计较得失的人，那么，乔丽会像祥林嫂一样哭诉自己以前的幸福时光和现在的不幸生活。但她不是一个计较生活得失的人，而是一个善于珍惜生活的女孩，她以豁达乐观的心态，重新撑起了一个温馨的家。其实，生活中真的会有很多不如意的事情发生，不管你愿不愿意接受，它都会来。你需要做的就是，改变所能改变的，接受那些不能改变的。关于得失，不要去计较，只要抛开这些，你会发现这个世界还是这么美好。

生活中常常不是这里让我们不满意，就是那里让我们不满意，到底是我们计较太多，还是生活给得太少了？其实都不是，是因为我们没有具备良好的心态，每天我们都在计较着自己的得与失，生活在我们的抱怨中越来越暗淡，我们的心情越来越糟糕，最终我们发现每天都活在痛苦里。与其斤斤计较生活中的得与失，不如敞开胸怀，乐观豁达地面对生活，这才是生活的意义。好修养的女孩之所以气度不凡，那是因为她不计较生活中的得失，相反，在失去之后她们越来越珍惜自己来之不易的生活。所以，不妨舍弃得与失带来的困扰，选择乐观豁达地面对生活，也只有这样，我们才能够享受生活的美丽。

第 4 章
培养内涵：丰富内心令女孩的涵养步步提升

　　生活中，几乎所有的女孩都在追求外在容颜的漂亮，但真正彰显女孩修养的，却是内在的涵养，这是一种独特的气质，漂亮的女孩不一定有涵养，但有涵养的女孩定很美丽。漂亮的女孩最多会赚来男人的回眸一看，而有涵养的女孩则让人钦佩、尊敬，那些有心计的女孩，都会把提升涵养当成自己必修的一门功课。

提升内涵，女孩修养来自于涵养

笛卡尔曾说："我思故我在。"一个真正有思想、有涵养的女孩，她的韵味独特而悠远，让人回味无穷。有涵养的女孩，她在任何时候都对自己充满自信，无论说话做事，她都有自己的想法和观点，绝不盲目行事；有涵养的女孩，不甘于平庸，对什么事情都能仔细分析思考，对新鲜的事物总是充满好奇，但是却淡漠金钱与名利；有涵养的女孩，她非常清楚自己需要什么，不需要什么，应该追求什么，放弃什么，不强求任何东西，但也不会轻易放弃属于自己的东西。杨澜曾经给女孩的忠告是："做一个有涵养的女孩。"卡耐基也说："女孩应该忠实于自己的内心。"一个有涵养的女孩，她在任何时候都会忠实于自己的内心，按照自己内心最真实的想法去说话、做事，不需要太多的掩饰，不需要轻易的改变，如此坚定不移地走下去，最终成为一个有品位的女孩。

在过去，人们崇尚"女子无才便是德"。由于性别歧视，女孩没有学习的机会，她们往往是漂亮的装饰品。如今大不一样，时代赋予了女孩学习的机会，她们具备了卓越的知识与能力，许多女孩不再是"外表华丽而内在空空"的花瓶，她们逐渐充实自己，成为有涵养的女孩。她们懂得作为有品位的女孩应该看什么书，应该说什么话，应该有什么情趣爱好。女孩因为有了涵养才有了能力；因为有了涵养才有了高雅的气质；因为有了涵养才有了与众不同的品位。在交际场合，那些有涵养的女孩总是能从众

多庸脂俗粉中脱颖而出，成为最耀眼的明星。许多优秀的男人，他们在有涵养的女孩面前也会甘心拜倒。所以，女孩要提升自己的涵养，因为品位来自于涵养。

王太太是总经理夫人，按理说，冠上如此的头衔，她应该是一个气势强大的女孩。但熟悉她的人都夸奖她是"一个很有涵养的女孩"。如何做一个有涵养的女孩呢？王太太细心解释："涵养就是一个人要有宽阔的胸怀，懂道理明事理，知进退。"在王太太家里的客厅、书房，摆满了她与先生的合影。王太太是一位很漂亮并有气质的女孩，虽然已经快五十岁了，但看起来还是那么年轻，有女孩味。这也难怪，连一向不擅长说好话的王先生每每谈及自己太太的时候，都是一大堆赞美的话语，看得出他们很恩爱。

说到王先生，王太太一脸幸福，她说："他常对人说，我们之所以会如此恩爱，功劳应全归于我。"说完，还挺不好意思地笑了，有人好奇地问道："像你先生有那么多的异性朋友，甚至不是一般关系的朋友，难道就不会生气吗？"王太太回答说："我当然会生气，但我更会做人，我很会体贴人，从来不会为这些事情而大吵大闹，更不会对他有任何怀疑。我对他说，只要他对我尊重，不要做得太过分就行。因此，他外出游玩的时候都会带上我，从不带其他的女孩。"顿了顿，她继续说："假如我经常对先生持怀疑的态度，不但自己会过得很辛苦，老得也很快，而且，他会更加不顾及我的感受。"

再仔细打量王太太的家里，发现她不仅是一个有涵养的女孩，还是一个有品位的女孩。她家的客厅里悬挂了几幅知名作家的山水画，摆放了几盆裁剪得很漂亮的盆栽以及插花，王太太解释说："这都是先生在工作的时候，我去看画展买下来的画，而且，我还与几位画家成了好朋友。这些盆栽和插花都是我自己打理的。"

王太太为什么会保养得如此年轻，而其生活也过得那么有品位，这都跟一个女孩的涵养有关系。一个女孩的涵养真的很重要，它可以体现出一个女孩的品位与美丽。试想，如果一个女孩心胸狭窄，刁蛮、任性、固执，时常无端地猜疑自己的另一半，她只会把大把的时间用来猜疑、嫉妒，而不会有闲情逸致学习插花和茶道。当然，她也就不会成为一个有品位的女孩。

涵养，是通过一个女孩的仪容、仪表可以展现出来的，而其品位也是来源于内在的涵养。如何提升自己的内在涵养呢？对于女孩来说，需要学习各方面的知识，比如看书，或者看电影，都可以充实一个人的思想、涵养。一个有涵养的女孩，有主见，有礼貌，知道哪些话该说，哪些话不该说，在适当的场合做适当的事情。

那么，如何有效提升自己的内在涵养，使自己变得更加有品位呢？

1.多读书

书籍，可以使女孩增长知识和智慧，使女孩的生活充满阳光，同时，使女孩变得有思想。通过阅读有益的书籍，能净化女孩的灵魂。所以，喜欢读书、善于学习的女孩看起来是与众不同的，那种内涵是备受他人的欣赏与尊重的。

2.学"宰相"，肚里能撑船

一个女孩要练就大的度量，即使生气也要懂得一笑而过。若是揪住一些小事情就斤斤计较，那别人只会觉得你不是一个有涵养的女孩，甚至觉得你没教养。有了宽阔的胸怀，你才会有意识去把弄自己那些高雅的情趣和爱好。

3.穿着得体

女孩不需要穿得花枝招展，如果你有内在的美丽，就没有必要过多地注重自己的外在。女孩在选择衣服的时候，应精心挑选，慎重对待，根据自己的年龄、身材、职业特征去合理地搭配，这样才会给人眼前一亮的感觉。另外，有品位的衣服也会时刻提醒你注意自己的身份和仪表，不管遇到什么样的事情，都会保持冷静。

感知艺术，做一个有才情的女子

女孩的品位是画，女孩的品位是诗，女孩的品位是乐曲。一个女孩有了良好的艺术情趣，她的品位必然高雅清新，焕发青春活力，生活必定多姿多彩，充满阳光。女孩之所以会美丽，不仅因为是天生丽质的面容或华丽的装扮，还是一种气质的散发。有气质的女孩如诗如画，让人沉醉其中，被其感染，而这种气质很大一部分是来自于女孩的品位修养。艺术气息让女孩的心灵变得恬静，如同山涧的清泉，静静地流淌着。有着浓厚艺术气息的女孩，她们从来不在乎人生的功利，更加注重幸福的内涵，静心面对生活中的荣辱得失，不强求身外之物，不愤世嫉俗，即使是面对物质世界的诱惑，她们也能够处之泰然。在感知艺术的旅途中，她们学会了自我安慰，自我松绑，自我释放，自我陶冶。

一个女孩要想拥有品位，就要学会培养自己的艺术气息，以此来装点自己的生活。通常情况下，一个拥有艺术气息的女孩，一定是有品位的。她们热爱生活，善于装点自己的生活，即使在休憩之余，她们也不会感到孤独寂寞，因为有了艺术的感染，她们的生活变得充实。懂得感知艺术、拥有艺术气息的女孩，一定有着不凡的谈吐，因为艺术积淀了修养，艺术升华了气质，无论说话做事，她们都显得独立而自主。做一个有品位的女孩，要学会培养自己的艺术气息，感知艺术，如此来提升自己的品位修养。

德国女钢琴家克拉拉·舒曼可以说是一个音乐圣女，她全身散发的都是艺术的气息，她的生活无不和音乐有关，因为艺术，她与众不同。

她在16岁时已誉满欧洲，得到歌德、门德尔松和帕格尼尼等大师的赞许。肖邦说："她是在德国唯一懂得正确弹奏我音乐的人。"克拉拉是首位建立国际声望的女性钢琴家。她在21岁时嫁给舒曼，并将伟大的钢琴演奏家、贤惠的妻子和慈祥的母亲等优秀品质集于一身，而且达到了空前绝后的平衡。

钢琴家皮尔斯·拉里对此表示赞同："她绝对是一位非常了不起的女性，经历了那么多生活的坎坷，她是一位天才的作曲家，也是一位杰出的钢琴家。"

不幸的是，她37岁便失去了丈夫，并且苦难并未因此停止。孩子的病痛和死亡仍不断地考验着她。但因有勃拉姆斯及尤阿席姆等人支持，同时她常借弹琴来安慰自己的精神，在之后的40年间，她又将生活重心转移到演奏中来。勃拉姆斯担心克拉拉的风湿病情，曾劝她停止奔波的演奏生涯，但克拉拉却因此感觉受到伤害，并寄了一封信给勃拉姆斯："我一停止演奏，心情就会变得非常不好。对我来说，钢琴演奏等于我的生命。"

对舒曼来说，音乐就是她的生命。其实，这便是艺术的魅力，即使生活再怎么考验舒曼，但只要有音乐的陪伴，她就能鼓起生活的勇气。她没有因为生活的折磨和苦难让自己变成一个牢骚满腹的怨妇，而是坚强地扮演好了母亲、妻子、钢琴家的角色。在现实生活中，并不是每一个女孩都能像舒曼一样，有着超人的艺术才华，但是，平凡的我们依然可以让艺术来装点自己的生活，感知艺术，感染艺术气息，让自己成为一个有品位的女孩。

在古代，对女子的要求无非是琴棋书画样样精通，这样感知艺术的女子才情过人、谈吐不凡，即便是没有美丽的容颜，那也是受人瞩目的才女。而对于现代女性来说，更应该懂得艺术，感知艺术的女孩如同陈年老酒，韵味悠长，清远幽香，越是久远，越是醇香。在感知艺术的过程中，艺术对情绪的陶冶会在潜移默化中改变女孩的自身品质，女孩会因为品位的提升而变得博爱和宽容。品位的表现就是浓郁的书香和美的诗韵、深厚的人文素养、渊博的知识积淀。

在古代，一些出身于官宦之家的女子，由于受家庭环境的影响，从小便能受到良好的教育，再加上她们天资聪慧，勤奋好学，因此无论是在学识方面还是在才艺方面，她们都有过人之处。

唐高祖李渊之妻窦氏在书法方面高人一筹。窦氏小时候天资聪慧，不

仅读书多，而且记忆力也很好。窦氏年纪虽然不大，但志向却很高，当杨坚取代北周建立隋朝后，当时14岁的窦氏气得从床上跳下来说："恨我不为男，以救舅氏之难。"

后来，窦氏嫁给了李渊。李渊虽然投身习武，但爱好书法，他经过多年的临摹研习，形成了别具一格的"龙爪书"。同样喜爱书法的窦氏，经常与李渊一起练习书法。时间久了，窦氏的书法与李渊不相上下，两人的作品放在一起，居然没人能区分出来。不仅如此，窦氏还写得一手好文章。

窦氏聪明伶俐，机智过人，才华横溢，深谙书法，这样的女孩无疑是男人的红颜知己。在很多时候，能够让无数人瞩目的并不是女孩美丽的容颜，而是那不凡的谈吐，那高雅艺术积淀出来的迷人气质。

有人说："有品位的女孩更是一本让人无法通透理解的哲学读物。"如果你置身其间，你会发现，她们身上有着强烈的艺术气息，浑身上下散发着一种艺术的灵性美，她们纯真的气质洋溢着女性深邃的内涵，高雅的风采闪烁着赏心悦目的亮光，这就是女孩的艺术品位。

女孩应当学会培养高雅的艺术爱好，以此为自己增添耀眼的光芒。当然，艺术气息并不是一朝一夕就能够拥有的，不凡的谈吐也并不是轻易就能练就的。想拥有高雅的艺术气息，你需要感知艺术，发现艺术的魅力，丰富自己的文化生活，提高审美能力。因为艺术气息的熏陶，女孩不再只是因为生活中的琐事泯灭了个性和魅力；因为艺术的培养，女孩举手投足间温文尔雅；因为艺术的陶冶，女孩的生活不再枯燥、乏味，而是充满了品位。

不断学习知识，腹有诗书气自华

几乎每个女孩都渴望自己成为美丽的女孩，尽情地绽放属于自己的魅力。然而在很多时候，她们只关注到外在的容颜，而忽视了对心灵的呵护。当她们把自己的外表装点得十分精致的时候，心灵却是空空如也，这样的女孩只会被人们称为"花瓶"。只是有光鲜的外表，而没有丰富的内在，根本就没有可欣赏的价值。要想做一个内外兼修的女孩，那就要学会读书，尽可能地多读好书，用知识给自己化一个"不掉的妆"。自古以来，知识是人类从洪荒到启蒙的捷径，知识也是改变一个女孩最有效的力量之一。一个女孩从内而外散发出来的气质、智慧、修养，都是跟知识分不开的。做一个有魅力的女孩，就要尽可能地多读书，多补充内在的知识，让自己的心灵花园变得丰盈起来。

"Thought let you go farther"，思想会让自己走得更远。没有思想、知识的女孩，眼神是呆滞的，语言是空洞的，而她的美丽也是苍白的。有知识的女孩，在她们身上，处处闪现着睿智的光芒。有知识的女孩是自信的，她不会张狂不羁，而是和谐自在，在柔弱的身躯之下跳动着一颗自信而坚强的心；有知识的女孩拥有独立的人格，不做攀援的凌霄花，也不做痴情的鸟儿，善良而独立；有知识的女孩相信爱情，懂得珍惜感情，经营生活，不会因为曾经受伤而对爱情失望。有知识的女孩最美丽，因为在她们身上已经有了一个永远不掉的"完美妆容"，任凭时光飞逝，岁月匆匆，她们依然如之前的那般美丽。

冰心是当代文坛巨匠，她亦是有着知性美的女作家。她喜欢天真烂漫的小孩子，所以她几乎花了一生的时间给孩子们讲了无数个平凡而美丽的故事。

她自会认字后不久就开始读书，7岁时就开始读"话说天下大势，分久必合，合久必分……"的《三国演义》，12岁开始初涉《红楼梦》。她的一生都在不倦地进行阅读，她阅读了大量的中外文艺作品，这为她后来成为文坛巨匠奠定了基础。冰心有一句响亮的话："我永远感到读书是我生命中最大的快乐！"她从读书里学到了做人处世的道理。

1986年，她从日本访问回国后，因为腿受伤了不能出门，就把"读

万卷书"作为自己唯一的消遣。她几乎每天都阅读很多的书刊，书读的多了，她就会比较，有选择性的读书，这让她倾向于阅读那些真实、质朴的文章。在有一年的"六一"儿童节，一家儿童刊物要求冰心给儿童写几句指导读书的话，她只写了九个字：读书好，好读书，读好书。

无疑，读书是拥抱知识的最佳途径。直到今天，冰心那"读书好，好读书，读好书"的名言，依然鞭策着许多寻找知识的人奋力前进。古人说得好："腹有诗书气自华。"一个坐拥书城的女孩，即使是再普通的衣着，也难以掩盖那浑身流溢的书卷味，这是因为知识代替了她们华丽的时装和昂贵的化妆品。

塞缪尔·斯迈尔斯在《自助》中说："Man is what he read."意思就是"人如其所读"。很多时候，一个女孩所表现出来的言行举止，其实正在被他人所"读"，你的修养、气质、智慧正从你的一言一行、一举一动中流露出来。女孩，就要像坚持用化妆品一样，坚持补充知识，这样才能丰富自己的心灵。肌肤需要汲取水分，也需要汲取营养，心灵与肌肤一样，它也需要汲取养分才不至于空洞，不断地积累知识，才能填满空虚的心灵。对女孩来说，知识则是最好的养分。有人曾说："知识就像微波，从内到外震荡着我们的心。"很多女孩都在时代的潮流中追寻，追寻一种永远的时尚，其实读书就是人生最好的一种时尚。不断地积累知识，做一个魅力的女孩，一定要以知识为底气。

大明湖畔，一个风姿绰约的身影，她的词是词海里绝美的记忆，清香悠远，令人回味无穷，她就是旷世才女——李清照。

李清照是中国古代才女的代表，她代表了一代婉约派词宗的高度，受到世人的敬仰。她本是纤纤弱女子，却轻轻地波动了文化的厚度与深度，谱出了一首首不朽之作。她拈花微笑，她醉人心魄。出生书香门第之家的李清照，并没有做一个易碎的陶瓷娃娃。她从小耳濡目染，饱读诗书，出落成一个柔情似水的才女，16岁便写出名篇《如梦令》。她以女性独特的视角展现了真实的自我，形成了婉约而不媚俗的词风。

　　她的一生经历了国破、家亡、夫死，这一切并不是一个弱女子能承受下来的。独自一个人颠沛流离，却深切关心着国家的命运，唱出了"生当作人杰，死亦为鬼雄"的慷慨壮歌，痛斥朝廷的懦弱昏庸，体现出其政治主张与爱国情怀；在士大夫提倡封建礼教的时候，她却毅然挣脱了世俗礼教的枷锁，去追求自己的幸福。"九万里风鹏正举，风休住，篷舟吹取三山去"这句词深深地透露出她的刚强。

　　李清照是一个有思想的女性，她是在延续几千年的男权封建社会里开出的一朵绚烂的奇葩，是文化神殿里的一个清丽脱俗的女子。

　　在处处沾满着污浊之气的封建社会，李清照却是"出淤泥而不染"，她婉约而不媚俗的词风，使得多少男人为之汗颜。她是一位有知识的女孩，她不畏于封建礼教，毅然挣脱了沉重的枷锁，追求属于自己的幸福。也许，在充斥着封建礼教的宋代，一个女子有了第二次婚姻，这便是有违礼教的行为，但她却代表无数受压迫的女孩做出了强烈的反抗。千百年来，她成了无数女孩倾慕的对象，成了无数男人敬佩的女神。而因为有了知识，她化身成为最美丽的女孩。

　　补充知识对于女孩来说，是一种最好的修身养性的方法。那些有知识的女孩，不会追求浓妆艳抹，而是追求一种至高无上的境界。古人云："书中自有颜如玉。"一个女孩如果读了一本好书，她就会不断地吸取书里的好思想，好品德。久而久之，在她身上自然会流露出一种优雅的气质，娴静而妩媚，高雅而迷人。这样的女子，她不会像长舌妇一样结群聚在一起流言蜚语，议论是非；不会像泼妇一样毫不忌讳地破口大骂。

　　有知识的女孩，颜如玉，心如水，落落大方，谈吐不俗，举止优雅，流露出无尽的魅力。女孩的魅力需要来自心灵的支撑，而心灵的支撑则需要知识的养分，如此看来，有知识的女孩才是最美的。作为一个女孩，最无可挑剔的妆容并不是在脸上涂脂抹粉，而是给生命化妆。多阅读一些好书，不断充实自己，为自己的生命化上最绚丽的妆容，让你的一生都绽放恒久的魅力。

给生活一点精致，过与众不同的人生

生活是什么？有人说："生活就是做最平凡的事情。"在现实生活中，在马路边，在大街上，有多少人为了生活而奔波，对他们来说，这就是生活。有人说："生活就是安享晚年。"其实，每个人的生活都不一样，犹如一件瓷器，有的裹着华丽的外衣，有的素雅而淡然。我们可以说，过日子就如同选瓷器，要挑拣最精致的。瓷器是精致的，而我们的生活也像瓷器般精致。不妨给生活一点精致，让我们的每一天都过得与众不同。

生活本是一张白纸，需要你自己拿着画笔，一笔一画地勾勒出美丽的风景；生活本是一杯白开水，需要你自己往里面增添甜蜜、幸福、悲伤，调制成五味俱全。生活本来是平平淡淡的，主要是看你怎么来经营它。许多女孩对生活充满了抱怨，总是觉得自己每天除了工作就是睡觉，已经丧失了最初的激情；有的女孩总是为柴、米、油、盐、酱、醋、茶而担忧，日子过得拮据而无味，看不到希望。现实生活中的女子，她们忙着上班，忙着挣钱，忙着相夫教子。在忙碌的生活中，她们抱怨着，哭诉着。其实，生活本身没有对与错，关键在于你的心态，你的生活方式。对于那些心态乐观、懂得享受生活的女孩，生活是充满阳光的。所以，女孩要学会为自己忙碌的生活营造一些小情调，给生活一点精致，与其说是调剂生活，不如说是充实自己，丰富心灵。

王姐是个精明能干的人，拥有MBA学位。曾经在好几家大型公司当过副总，她曾有过一段短暂的婚姻，仅维持了一年就因为性格不合而离婚了。离婚后，她把心思都投入到工作中，日子虽然过得很忙碌，但是却很精致。没事她就学学插花、看看电影，那份闲情逸致，让身边的朋友羡慕不已。

王姐出生在一个富商之家，骨子里喜欢有情调的生活。虽然长大后的她整日处于忙碌的状态，但每到休息之余，她都会过起自己那情调的生活。在不上班的时候，她就喜欢逛花市，一逛就是一上午，每次回家，不是手捧一束鲜花，就是提一盆花。除此之外，她还经常去学习插花，在老师家里一待就是一下午。如今，她的插花技术日益见长，哪怕是一个很粗糙的瓶子，凭着她的心灵手巧，也能打造出美丽的插花造型。或是放在案头，或是放在居室，她说，那时她就会有美丽的心情。

对于每一个生活忙碌的女孩来说，精致的生活并不是什么奢侈品，也不需要我们花费多大的精力。当你周末无聊的时候，窝在沙发里翻一本心怡的书，泡上一杯沁香的玫瑰花茶，这时候，生活的情调就会慢慢萦绕在你身边，牵动你内心最柔软的部分，这就是精致。生活需要装点，需要多点情调，多点精致，让它们充斥着生活的每一个角落。

卢梭说："女孩最使我们留恋的，并不一定在于感官的享受，主要还在于生活在她们身边的某种情调。"其实，生活中的情调与精致并不是什么昂贵的奢侈品，它就如同蒙蒙细雨，从天上屈尊到地上，滋养着忙坏了的女孩，使她们每一个日子都是那么丰盈而充满意蕴。情调就是女孩与生俱来的情致，是女孩骨子里最温柔的情结，是她们通过自己的感官享受和体验生活的一种方式。平淡的生活充满了枯燥、倦怠的气息，压力让我们喘不过气来，其实，这时候我们需要给自己留一点时间，为乏味的生活营造一些小精致、小情调。生活越是忙碌，越是枯燥，就越需要精致的点缀。这会在一定程度上为自己减轻压力，消减负荷，让我们烦闷的心情得到放松得到释放，让我们重新体会到生活的美好。

阿丽是一个精致的女孩子，这份精致融入了她的生活中。她常说自己的理想就是："家里的房子不一定很大，但陈设一定很合理；装修不一定很豪华，但一定很舒适；穿着不一定是名牌，但一定很得体，很干净。"对她来说，越是简单，越是精致，越是舒适，而这恰恰是她想过的生活。

她说："我喜欢自己安排时间做喜欢的事情，其实，这就是精致的生活。"

或许，阿丽一天的生活与大多数上班族的生活并没有两样，但是，她

忙碌的一天中有着许多细节，这些看似不经意的生活细节其实就是隐藏在琐碎生活中的精致。

小小饰物，彰显你的个性品位

凡是爱美、追求生活品位的女孩，如果经济条件允许的话，身上若没有几件像模像样的首饰，无论如何是说不过去的。首饰，在它诞生之初就成了女孩的心头之物。女孩佩戴首饰，不仅仅是时尚的一种标志，更是热爱生活、充满活力的完美体现。对于女孩来说，最能吸引自己的，那肯定是首饰了。当阳光射进橱窗中的一刹那，它能折射出动人的光泽，或者在柔和的灯光下，它犹如一个乖巧又美丽的公主躺在那里，等待着女孩将它带回家。首饰一度被人称为女孩高贵和奢华的象征，也一度被人批判是庸俗女孩的饰品。无论谁是谁非，一个无法掩盖的事实是，首饰永远是个性的代表，永远让女孩光彩夺目，永远可以显现女孩的品位。

女孩与首饰，宛如一对恋人，彼此不可分割。首饰，若是缺少了女孩的佩戴，它不过是一件冰冷的饰品；对于女孩来说，身上若是缺少了首饰的衬托，那就少了几分味道。对于美丽，女孩从来不会觉得奢侈，女孩不因首饰而美丽，却因首饰而更美丽。女孩与首饰的难解情缘，就是因为女孩得到了上帝的宠爱而有了为美丽而生的权利。女孩通常会为了首饰而疯狂，这犹如其为爱情而付出所有。当男人从首饰盒中拿出结婚戒指，那女孩便笑脸如花，愿意与之携手到老。在生活中，无论贫穷与富贵，女孩都有一个属于自己的首饰盒或首饰箱。也许，富贵女孩的首饰价值连城，诸如钻石、珠宝、黄金、铂金，应有尽有；而贫穷女孩的首饰没有那么夺目靓丽，虽然不昂贵，却依然是刻着甜蜜记忆的首饰。女孩与首饰的关系，如同男人与雪茄的关系，首饰烙上了女性的标志，成了品位女孩的代言。

在浪漫的爱情小说《草戒指》里：一位男孩爱上了一位美丽纯情的女

孩，但遗憾的是，男孩没有稳定的工作，他很穷，没有能力给心爱的女孩买一枚纯金戒指。但是，他对女孩的爱却是很深很深，在爱意的涌动下，他信手用青草编织了一枚草戒指，情意绵绵地戴在了女孩的玉指上。女孩激动得哭了，在那一瞬间，她感到了满足、快乐和幸福。也在那一刻，女孩朴素的脸上竟出现了夺目的光芒。

对这一对真心相爱的恋人来说，一枚草戒指和一枚金戒指的含金量并没有什么不同。首饰本身是冰冷的，没有感情的，但是，一旦与爱情相伴，它就成了有生命、有感情的饰品。换句话说，任何首饰一旦打上了爱情或情感的烙印，就会变得格外的美丽，就会让人念念不忘。而女孩佩戴上如此美丽的首饰，会更加炫目夺人。

相传，在古希腊一个小岛上，有一个国家的公主很美丽，仿佛天仙下凡。这就引来了其他岛屿几国王子的争风吃醋，谁都想一亲芳泽，把公主娶回家。可是，国王担忧的是，无论公主嫁给哪个国家的王子，都会被其他几个国家侵略，国王不知道如何是好，似乎只有让公主一死，公主哭着说："父王，你就让我死吧，这样才可以让我国人民平安，我生来就是祸害，注定是没有好结果的！"国王正挥泪要斩杀公主时，一个老大臣说："陛下先不要急于动手，我听说我国南部的一个小镇上，有个瞎子老太太，她有串项链，可以让人不能动弹，但是这个人可以永葆青春，等到项链摘下来的时候，这个人就苏醒了。即使戴上一千年，这个人也不会死去，但是只有相爱的恋人才能摘取项链。"国王一听，刚开始很高兴，可是琢磨了一下又犹豫了，公主命中注定的人在自己有生之年不出现的话，自己和女儿之间不是死别，而是生离。但已经没有别的办法了，国王就派那个老大臣去为公主求项链，好在那个老太太是个爱国的人，一听这事，立刻就答应了。

当公主戴上项链以后，果真不能动了，国王向外宣布公主已经抱恙而亡，这就避免了一场战争和生灵涂炭。沧海桑田，时间慢慢过去，一千年以后，那位公主在项链的衬托下，越发美丽，她似乎在等待着谁。

这是一个关于首饰的动人传说，首饰总是和女孩、爱情等一切浪漫、唯美的事物相连，这已经是一种惯性思维。有人说，当女孩遇上首饰的时候，她就彻底妥协了。这并不是没有道理的，首饰就如同罂粟一样，让人对它着迷。但女孩切不可肆意地佩戴首饰，过多的首饰会有累赘之感，不仅不会带来美丽，还会产生一种不伦不类的结果。

首饰是女孩奢华的生活品质和高贵品位的象征，首饰让女孩尽显尊贵和奢华。

在男人身上，它的显现形式一般是戒指或手表，起到画龙点睛的作用，是审美品位和生活质量的聚集点。首饰体现着女孩的奢华和尊贵，十指纤纤，需要戒指的衬托；肌白如雪需要项链的点缀。首饰让女孩在任何情况下都能光彩夺目，熠熠生辉！女孩和首饰永远有斩不断的联系，关于首饰和女孩的传说总是被人们传诵。

一枚胸针，绽放你的绚丽风采

当宙斯吞掉怀孕的妻子之后，雅典娜突然从宙斯的脑袋里一跃而出时，美丽女孩便成为一部打开的书。为了阅读这部书，所有的男人们都去买一枚胸针送给他心爱的女孩。于是，戴着胸针的美丽女孩在黄昏到来的时刻，闲适地分发橄榄枝和橄榄油给那些嗜血成性的男人，并暗自把所爱的男人紧紧地别在了自己宽大的裙裾之上。

胸针，只不过是一枚小小的饰品，却是从美丽女孩的胸口深处生长出来的另一个神话。于是，女孩味自胸针里静悄悄地绽放，摇曳着无与伦比的美丽。或许，在庞大的饰品王国里，那枚小小的胸针只能称为一个小精灵，但千万不要忽视这个小精灵的搭配作用。每到变换季节的时候，它就会重新回到时尚的舞台，以精致多变的魅力，让每一个女孩都尽情释放柔情。胸针，放在女性身体最具吸引力的部位，带来了点点暧昧风情，彰显独具个性的品位。那一枚枚精致华美的胸针里隐藏着女孩的万般风情，更直接凸显了女性高雅的品位。例如，光彩夺目的宝石胸针淋漓尽致地展现了女孩的高贵、奢华；翡翠玉饰胸针完美地诠释了女孩的优雅、柔美；而晶莹璀璨的钻石胸针，则和女孩的柔情万种完美地融为一体。

1993年赫本去世时，年迈的格里高利·派克奔波跋涉，毅然前往瑞士去送赫本最后一程，他轻抚着赫本的棺木，只深情地说了一句：你是我这一生最爱的女孩。10年后，在苏富比拍卖行举行了赫本生前衣物与首饰慈善义卖活动。87岁的派克拄着拐杖，颤巍巍地买回了那枚陪伴她近40年的胸针——那是他送给她的结婚礼物。之后，仅仅两个月，他就闭上了眼睛，去天国寻找他那个叫赫本的天使。

他们因出演《罗马假日》而相识，在之后的40年，派克在任何时候都维护着赫本，宣传着赫本，赞美着赫本，而当25岁的赫本因《罗马假日》获得奥斯卡金像奖的时候，她也只说了一句话："这是派克送给我的礼物！"他们之间超越了任何友谊与爱情的情感，是人世间再不能多得的，如那枚蝴蝶胸针，看似质朴无华，实则高贵无比，叫人只能仰慕。

他们之间的感情就像那枚光彩夺目的胸针，别在他们的心坎上。即使等到青丝变白发，褪下了华丽的衣裳，那枚胸针，依然闪亮在灵魂深处。1954年的蝴蝶胸针，挥舞着轻盈的翅膀，停留在每一个女孩的胸前，一直闪耀在心中，也驻足在男人的记忆里。胸针本有价，是那胸针背后的故事让它变得无价。

小小的胸针，陪伴着每一个女孩走过岁月的角落，逐渐幻化成一种精致的情怀，一份惬意的浪漫，一个华丽的海誓山盟，一段美好的回忆。一枚胸针，也许就是一个故事，精致小巧的胸针就犹如每个人心灵深处那一颗总也忘不了的朱砂痣，里面隐藏了悲喜爱恨。

说到胸针最昂贵的记忆，应该是来自于那位"不爱江山爱美人"的温莎公爵。温莎公爵曾多次委托高级珠宝商家设计别致的胸针，再将这些别致的胸针送给自己心中的"天下"——辛普森夫人。在他赠送的这些胸针中，有火鸟胸针，有鸭头胸针，其中最著名的是那枚"Cartier"——猎豹胸针。这是一枚用钻石和蓝宝石守护一颗克什米尔磨圆切割蓝宝石的信物，在拍卖会上曾以154万法郎高价拍出，轰动一时。

关于胸针的故事，奇特而又感人。胸针，顾名思义，就是佩戴在胸前的装饰物，其种类很多，包括别针、插针、胸花，等等。自19世纪以来，胸针就是十分流行的珠宝配饰，由于其设计多变，在不同的时期，设计师都会受到艺术风格的影响，使用不同等级的珠宝，这样，就能轻易地展现出女孩截然不同的精致品位。

胸针的款式大致分为大型和小型两种类型。大型胸针的长度或直径约为5厘米，图案比较复杂，大多嵌有天然宝石或人造宝石；小型胸针的长度或直径仅为2厘米左右，除了可以别在胸前，还可在领口、驳领口使用，它的体积小，花样也较为简单，多为独枝花朵，也有十二生肖的动物造型。美丽的女孩胸前佩戴一枚精巧而醒目的胸针，不仅可以引人注目，给人以美感，而且可以加强或削弱外观某一部位的注意力，达到使衣服和首饰相得益彰的审美效果。

胸针的质地、颜色、位置需要与服饰相互搭配。一般来说，穿西装时，可以选择大一些、质地好一些、色彩纯的胸针；穿衬衫、薄型羊毛衫则可以佩戴款式新颖别致、小巧玲珑的胸针。如果是穿着带领的衣服，胸针别在左侧；穿不带领的衣服，可别在右侧。发型偏右，胸针别在左侧；发型偏左，则别在右侧。如果发型偏左，穿有领衣服，胸针应别在右侧领子上，或不戴胸针。胸针上下位置应在第一个和第二个纽扣之间的平行位置上。按照习惯，钻石胸针应在晚上佩戴，白天宜戴金属或塑料的胸针。另外，少女及年轻妇女适合佩戴小巧精致的胸针；而中老年妇女则可以选择质地考究一些的胸针。

你的包包里装了怎样的秘密

一个男人走在大街上，可以"两袖清风"，而女孩就不同了，女孩有许多东西需要携带。诸如口红、眉笔、唇膏、香水、钥匙、钱包、电话本、手机等，这时候就需要一个包来放置这些东西。实际上，包包里揣着女孩的第二颗心，对于有品位的女孩来说，一个包包的作用不仅仅是放置物品，而是一种高贵和品质的象征。包包对于女孩，就好比绿叶于红花；没有了绿叶，花便减少了些许艳丽。而没有了包包，女孩便少了几许韵味。甚至，女孩出门可以不涂脂粉，不擦口红，不挂项链，不戴戒指，但唯一不可缺少的就是包包。

每个女孩都应该拥有一个精致的手包，就如同绽放在指尖的花朵，让你的掌心不再孤单。包包，对于女孩来说十分重要，它不仅是整体造型中的主要配角，更是你彰显风格的一张名片。许多女孩毫不忌讳地说自己对手包的疯狂程度："要是出门没有带包包，我都不知道该把手放在哪里"。另外，很多女孩都有这样的体验，当你出门的时候忘记了带包包，总是有一种莫名的不安全感。包包逐渐成了女孩服饰装扮的一部分，绝对算得上是一件举足轻重的饰物。包包是一个女孩性情的直接体现，观察她所用的包包，就会判断出她的品位和价值观。假设一个驰骋于职场的白领丽人，她的包包一定是风格简单、中规中矩的公文包；而一个活跃于时尚潮流里的新女性，则会选择风格另类但引领潮流的时尚手包；而对于一个随意的女性，她会选择实用又方便的休闲包。所以，品位女孩应该为自己挑选一个合适的手包，为自己的整体形象增添一份时尚与妩媚。

说到包包，小柯说："我个人认为每个女孩都有适合自己的包包，在社交场合流行着一句话：'男人看表，女孩看包。'包包对于女孩，就好像汽车对于男人、权力对于政客一样，充满了磁石一样巨大的魔力。对于女孩来说，包包不再是单一的配饰，它本身的时髦度，与服饰间的搭配，已经上升到关乎这个女孩的品位。"

小柯的家里专门制作了一个展览包包的柜子，上面摆满了各色各样的包包，可谓是琳琅满目。小柯一边展示自己的宝贝，一边说道："知道吗？国外时尚女性对于名牌包的追求度很高。记得有一次，贝克汉姆在白金汉宫接受伊丽莎白女王向他颁发OBE奖章回来后，向妻子维多利亚说的一句话就是'女王拎着手提包，她在自己家里也拎着手提包'。"

一个包包就是女孩的一个小世界，包包代表着一个女孩心中的浪漫与柔情，也收藏着思考、追求和情趣。当内在的优雅气质与手中迷人的包包完美出镜时，女孩的品位、修养便如花一样绽放。包包就是女孩的一个贴身伴侣，没有了包包，女孩就失去了安全感，当女孩忘记带包的时候，就有种不安的感觉。而正是包，在潜意识上给了她们某种情感依托。

许多有经验的销售员，在观察顾客是否有潜在的购买能力时，并不是关注她所穿的衣服，而是观察她所用的包包。因为在她们看来，包包的选择和搭配远比穿衣服困难得多，一个精致而又得体的包包直接体现了其品位与追求。包包的搭配虽然没有服饰搭配那么复杂，但绝对也算得上一门学问。当你在购买包包的时候，不要进入一个误区，那就是越花哨越喜欢，越时尚越中意。其实，一个有品位的女孩，她永远只会选择黑色的包包，因为最简单的颜色才是百搭之首，同时也是最经典的。在包包的质地上，需要考量其面料，选择品质低劣的包包并不是什么错误，但是包包作为一种品位的象征，自然不能太掉价。

那么，该如何搭配包包，才能彰显出你与众不同的品位呢？下面，我们简单地介绍几种包包搭配的方法以及所需要注意的问题。

1.包包的搭配

包包的搭配堪称是难度比较大的工作，需要爱美的女性多花点心思。其实，包包的搭配实际上就是与服饰的搭配，有一个最重要的原则需要记住，那就是：包包只在整体造型中担任了主要配角。它的作用就是映衬服饰，衬托整个形象，所以不要以服饰去搭配包包，这有点喧宾夺主之嫌。当你挎着一个过分花哨的包包，只会将他人的注意力从你的身上挪到包上，进而会影响你整体形象的效果。

（1）颜色搭配。包包颜色的搭配有一些技巧：同色系，包包与服饰呈同色系深浅的搭配方式，营造出典雅之感；对比色，包包与服饰的颜色成强烈的对比色，异常抢眼；中性色，中性色的服饰搭配点缀色的包包，也是不错的选择。

（2）样式搭配。包包又分为小包、大包，它们在与服饰搭配的时候，也会出现细微的差别。小包包是许多女性朋友随身携带的，里面可以装现金、钥匙、银行卡、卫生纸等一些小东西，小包包的款式很多，有高档的牛皮包、羊皮包，也有布料制成的首饰小包包。这样的小包包可以搭配套装、套裙等女性感比较强的服饰。

大包包主要是与休闲装相搭配，这样的大包包里面有便于装钱和票据的拉链小袋，款式各种各样，有双肩包、单肩包、手提包等。这样的包可以随意与职业装、休闲装搭配，都可以搭出典雅而清新的风格。

2.不同场合的包包搭配

与服饰的搭配一样，不同的包包应该符合相对应的场合，这样才会让你在各种社交场合如鱼得水、应对自如。包包是女孩身份的象征，所以应该把你各种款式的包包进行分门别类，可以简单地分为正式的与非正式的。

（1）正式场合。当你参加鸡尾酒会或者舞会时，一定要注意包包与晚装的合理搭配。这时候需要特别注重包包的质地，廉价的款式可能会让你从头到脚都失去信心。而那些做工和质量都高档上乘的包包才是你明智的原则，可以选择较好的材质，比如绸缎、天鹅绒、漆皮、珠饰布面等，色彩可以选择黑色或一些金属色系，这样才更显高贵。假如你穿的是小黑裙，那你可以选择紫红或桃红这样色彩醒目的包包。

（2）非正式场合。如果你经常参加朋友聚会，或者周末的时候外出游玩，选择物美价廉的包包则显得更加实际。一方面不用担心因为包包不够档次出洋相，另一方面即使不小心丢失了也不会觉得有太大的损失。当

然，非正式场合也是需要讲究包包搭配的，你在选择一款包包的时候，应该仔细考量，它至少应该能和三件以上的衣服相搭配，所以应该尽量避免一些不好搭配的款式与颜色。对于有些非正式场合，为了图方便你可以选择带腕带的小手包。

（3）日用手包的选择。日用手包就是你平时每天使用的包包，这样的手包尽量选择偏大的，以方便放更多的东西。除了你平时必带的现金、信用卡、手机、钥匙、口红、化妆镜，偶尔还能放进一小叠工作资料。

内心强大
淡定优雅

第 5 章
心性修养：温润如玉，恬淡的女孩最高贵

　　毋庸置疑，女人爱美，生活中，也有很大一部分女性，他们只注重穿着打扮，她们认为这就是美，这就是修养。实际上，美丽的容貌、时髦的服饰、精心的打扮等，虽然也给人以美感，但是这种外表的美总是肤浅而短暂的，如果你是有心人，你会发现，一个心性平和的女人给人的美是不受年龄、服饰和打扮局限的。这是一种独特的气质，这种气质从何而来？它来自于渊博的知识、良好的修养、文明的举止、优雅的谈吐、博大的胸怀，以及一颗充满爱的心灵……因此，作为女人，你可以长得不漂亮，但是一定要活得漂亮。活得漂亮，就是活出一种精神、一种品位、一份至真至性的精彩。

谦和温润，平淡如水

一个不张扬的女子，一个温柔与果敢兼具的女子，她永远是浅笑盈盈，清澈透亮的眼眸里有种洗净铅华的沉稳，更多的是一种气定神闲的优雅。这样一位谦和温润的女子，犹如气息芬芳的兰花，一点一点散发属于她的美丽，优雅芳香始终围绕在她的周围，让你为之心醉。当你开始慢慢接触她并与之交谈的时候，就像是和一位老师恳切交谈，因为她总是那么谦和有度；也像是和一位长者在学习交流，因为可以从中学到很多东西；更像是和一位多年未见的好朋友在聊天，因为她总是那么小心地顾及你的想法。如此谦和温润、宛如山涧的一眼清泉，惹人爱怜。女孩，要学会谦和温润为事，要做如水女孩。

在生活中，许多漂亮的女孩，特别是年轻漂亮的女孩，她们大多以漂亮、年轻作为自己的资本，而且常常陶醉于这样的资本中而显得张狂不羁。她们甚至愿意以这样的资本去邀欢取宠或者赚取名利，从表面上看，她们似乎成了红尘中舞动的抢眼色彩，实际上，这样风光并不会维持太久。只有那些谦和温润如水的女孩才能够使自己魅力长存。

苏东坡曾赞美西湖："欲把西湖比西子，从来佳茗似佳人。"这本来并不是一首诗中的句子，是西湖人慧眼识珠，寻到了两句做成了对联。本溪女子阿婷将这幅绝好的"对联"挂在了自己茶馆门口做招牌，给茶馆也带来了一丝西湖的气息。

很少听说女孩会开茶馆，而且还开得如此之好。阿婷就是这么一位女子，她是一个楚楚动人、亭亭玉立的女孩，一个谦和温润、心灵如茶的女孩。作为山城茶艺第一人，多年以来，她一直致力于在山城播撒茶香。

初识阿婷，只见她身材高挑、面容秀丽、性情温润、气质甜美。这与苏东坡诗词中的"佳茗"极为相似，也难怪她会与茶有缘。阿婷很早就接触了茶文化，那时从来不识茶味的她，被茶的魅力所吸引，被茶文化的精美所陶醉，于是，与茶结缘十几年。在这十几年里，她学习关于茶的一切，如痴如醉，沉迷其中。她像茶一样绽放芬芳，像茶一样奉献自己，她无疑是人与茶完美结合的茶馆职业经理人。

阿婷对于茶的感知是知性的，独特的，鲜活的。她形容"碧螺春"是水乡处子，而"西湖龙井"是大家闺秀，"正山小种"是西洋女子。沏茶，看佳茗在杯中旋转，沉浮，若即若离，含苞欲放，阿婷说："这才是女为悦己者容。"看她与茶共舞，我们已分不清谁是佳茗，谁是佳人了，一杯茶在手却不忍入口，心生惜香怜玉之情。

阿婷的谦和温润，来自于她独自生活在僻静山村的经历。或许，谦和温润如水般的性情，对于每一个女孩来说都是一种人生智慧：知其能，且知其所不能；努力自己所能，放手自己所不能，这实在是一种不招摇的生活态度。谦和温润的女孩，她们最知生命的卑微和人生的无常。因为骨子里的谦和，她们说话做事都比较理性，不奢望向他人炫耀以招人眷顾，她们只是默默培植一方适合自己生存的土，然后努力地长成一棵树。既无攀附之物，也无相伴之人，她们就是独立地站着，在阳光霜雪风雨中，她们自有一番独担岁月的从容与洒脱。

一代画家潘玉良，虽然是青楼出身，而且长得不算漂亮，甚至有点丑，但她这个人连同她的作品一直被人称道与赞赏，甚至享誉世界，这是为什么呢？其中最重要的一个原因，就是她谦和温润的性格。

潘玉良是个把"谦和温润"做到极致的女孩：当她被舅舅卖到青楼的时候，她明白无从逃脱便不逃跑；当她知道自己能守身的时候，决不为瓦全；她知道自己不够漂亮，所以她也不奢望被潘赞化宠爱一生；她知道自己有艺术天分，于是她潜心学画并以此谋生；她知道自己在潘家永远没有出头之日也得不到应有的尊严，于是她毅然放弃了尚存爱的小家；她知道艺术可以让自己身心得到熏陶，所以她决定远走异国他乡；她知道自己没有能力上前线保家卫国，但她明白可以用自己的绘画作品及人格来捍卫祖国尊严，于是她宁肯挨饿也决不向纳粹卖画谋生，更不求荣；她知道自己还欠着潘赞化的救命之恩，于是她宁愿在异国他乡守活寡也不见异思迁；她也知王守义之情深意长，便尽力地与其手足相惜……

潘玉良谦和温润的人生智慧，朴素的生活态度，正是其性情修养所在。现在我们应该明白她是如何使自己享誉世界的，因为其雅致的性情修养，铸就了她的艺术作品的生命力与魅力。谦和温润的女孩，就像是常青的翠竹，她们虽然会在风雨中摇摆、颤抖，会在霜雪重压之下垂首，但是，风雨霜雪并不是长久的，等到太阳出来，她们就会像翠竹一样扬起挺拔的秀丽。

一个受欢迎的女孩，她必定是淡雅谦和的。谦和温润如水般的女孩，即使她们诞生于山涧小溪，但温润的她们一样能汇进大海，最终成为大海里的一员。在这个世界上，我们要对自己所拥有的一切怀着一颗感恩的心，让自己做一个谦和温润的女孩。当然，谦和的女孩并不是一味地自谦，默默无闻，甚至低到尘埃里去，谦和要有度，方能变得温润如水。谦和温润，即是："咬定青山不放松，立根原在破岩中。千磨万击还坚韧，任尔东西南北风。"谦和温润的女孩，骨子里自有一种定力与柔韧。

融入自然，享受人生

在这个物欲横流的年代，越来越多的人追求返璞归真，但在这样的大潮流中，许多女性却被男性避之不及，而她们自己却始终摸不着头脑。

这到底是什么原因呢？返璞归真是一种自然的展现，不是刻意地矫饰。或许，在过去，异性大多喜欢风情、成熟的女孩，而在现在这个追求返璞归真的年代，自然、纯情成了异性新的审美标准。于是乎，那些不再纯情、不再天真的女孩开始矫饰起来，到处装清纯、装矜持，没想到，最后自己却成了异性逃避的对象。在男人的印象中，清纯是小女生所具有的可爱性情，这是一种自然流露的不经雕琢的可人形象。这让许多女孩产生了一种错觉：似乎不清纯就不是女孩。于是，她们不仅在装束上向清纯靠拢，语气上朝清纯接近，就连原本不简单的头脑和智商也开始向清纯倾斜，故作清纯，故意扮相天真，忸怩作态，令身边的人感到恶心。客观地说，女孩把自己打扮得漂亮一点，年轻一点，这是无可厚非的，可不顾实际年龄乱发嗲，乱装扮，这就与清纯的本意相违背了。

高圆圆实在是漂亮，大家都这么说，可她却说："在某种程度上，我觉得自己特别平凡，我应该去过普通人的生活，不拍戏的时候，就回归到那样的状态中去。"生活中的她，素面朝天，短短的头发，最普通的打扮，但却让人难以不注视她：巴掌大的脸蛋，精致的五官，目似寒星，像是画出来的。

其实，生活中的高圆圆真的不爱美，她说："永远没镜子，找别人借镜子；有很多美容卡，但是几年都不会去一次；几乎没健过身；上飞机会做个面膜；不爱逛街，不会冲动消费，出差去上海、香港和韩国会一次性买很多东西，但是一年也不会有几次。"

对于高圆圆来说，最享受的事情是回家待着。在家里看碟、看书，买菜、做饭、睡觉，陪家人看电视、聊天，和所有普通的女孩子一样。"回归家庭对我来说特别重要。女演员的生活会让你忘了生活的本质。拍戏的时候大家会保护你，你还没说话呢，工作人员已经说话了，所有人以你为中心。可是那不属于我的生活，那是一个女演员的生活。我是一个女演员的时候，会去享受这种生活。"

或许，正是高圆圆如此清新纯净的形象以及性情，使她获得了与韩国知名导演许秦豪合作的机会。面对如此大的喜讯，高圆圆说："当时我做完《哈姆雷特》想好好休息一下，可公司告诉我许秦豪导演要找我拍戏，那种从天而降的喜悦我不知道该如何形容。许秦豪导演的电影一直是我特别喜欢的，我是他的影迷，他的所有作品我都会追着看。能和他拍电影对我来说挺不可思议的，因为我没想过能和这样一个自己喜欢的韩国导演合作。"

无论是她的形象，还是生活中的个性，我们都可以用"自然纯净"来形容。返璞归真的女孩拥有真性情，她们与世无争，活在自己的世界里。澄净的个性，不掩饰，不矫饰，就如自然般清新洁净。

焕然一新的俏皮短发，晶莹通透的皮肤，连眼角也闪烁着愉快的光泽，工作的疲惫没有在阿紫的面容上留下丝毫的痕迹。有朋友问调理出好气色的秘诀，乐于分享的阿紫说："女孩不应该吝啬花在皮肤护理上的努力。时间撒在哪里，哪里就一定会有收获。在不同的阶段，女孩会拿不同的美容方法来搭配当时心情，无论方式如何，这都是一件很美好的事情。如今的我，更加喜欢返璞归真、简单自然的状态，健康与快乐最重要。"

在阿紫的周围似乎有一团温暖的小宇宙，充满了能量，感染着身边的人。阿紫为自己制订了健康食谱和锻炼计划："每天喝茶、看书，坚持，并乐在其中。"冬天选择让身体容易暖和的红茶，夏季是清爽的绿茶；买来不同的饰品，点缀在家里的不同角落；院落里种着比人还高的竹子。这就是阿紫的生活，有朋友建议吃黄瓜或青菜减肥，阿紫却说："这对我来说简直太难了！拒绝美食真是对身体、味蕾以及精神最大的摧残。生活是要乐于沉醉与享受每一刻的，越是自然，就越是美丽，这才是返璞归真的至理所在。"

阿紫说："让自己置身于大自然中，感悟必定更加深沉浓厚。"乐活的女孩会用心、用手去创造自己的生活，从而让自己的心灵回归到最纯净无瑕的状态。返璞归真，这才是阿紫目前生活状态的最好形容。

有人说，人生的至高境界就是返璞归真，让喧哗的心灵安静下来，多

花时间思考有意义的事情，尽自己的微薄之力为社会谋求一些真知，与大家一起建设和谐的家园。当然，有着如此一份伟大的志向，那是可赞可贺的。对于我们普通人来说，说话做事要做到"真"，因为"真"是一切美好愿望的起点和支点。

沉静从容，淡到极致的美丽

有人说："女孩的最佳表现是，心态要比年龄成熟5岁，打扮要比年龄年轻5岁。"简单地说，就是你的打扮可以年轻些，但你的心态万不可幼稚。女孩的打扮需要以沉静的心态与气质作底色，如此，才能从容不迫地应对生活。记得曾有一个记者采访一位著名演员："在喧闹的人群中，你会选择什么方式引人注意？"这位演员回答说："我会选择沉静地坐着。"沉静地坐着，这种沉静所流露出来的自信、端庄、高贵是很能引人注意的，也是很有穿透力的，它足以让人们在喧闹中停下来，在拥挤的人群中多看你一眼。沉静从容不仅是女孩应有的气质，更是一种为人处世的修养。

胡因梦，1953年出生，辅仁大学德文系肄业，20岁主演《云深不知处》，从此开始了15年的演艺生涯。她在35岁时毅然决定停止演艺工作，专注于有关"身心灵"探索的翻译与写作，第一次将克里希那穆提的著作引介到台湾，并著有《胡言梦语》和《茵梦湖》等书。

在她20多年的翻译过程中，她认为翻译是一种自我洗涤，每翻译一本可以跟读者分享的书，她都沉静从容地说道："这就像做义工一样，将思想引介过来，回馈给社会，这是和演艺工作截然不同的事情。"同时她认为："好的翻译不能直译，还有心灵相译的部分，然后是节奏感，翻译最重要的是韵律……"她显得很从容，做事有条有理，李敖的前妻身份让她备受关注，但现在的她依然备受瞩目，她凭着自己的聪慧，自己独特的追求，做了自己喜欢的事情。

李敖曾经说过，如果有一个新女性，又漂亮又漂泊，又迷人又迷茫，又优游又优秀，又伤感又性感，又不可理解又不可理喻，一定不是别人，是胡因梦。在经过了岁月的沉淀之后，胡因梦的沉静淡定显得更加有魅力。

女孩的一生，淡到极致的美丽，是沉静而从容。在胡因梦的一生中，停止演艺工作而从事文学工作，与李敖离婚，每一件事情她都应付自如，将自己的人生点缀得有条有理。薛宝钗曾经这样赞叹白海棠："淡极始知花更艳，愁多焉得玉无痕。"正因为海棠花的淡雅至极，所以才显得更娇艳。而从容沉静的女孩也是一样，正是那超凡脱俗的一份淡然，不沾尘世的气质，所以美到了极致。

她形容自己是蓝色，沉静的大海的颜色，不畏风浪，在任何时候都能找到自己的方向。她的一生并不顺利，高中毕业后，她拿着大学录取通知书回家时，却闻知父亲因工伤过世了，她呆住了，想到久病在床的母亲和年幼的弟弟，她将那张通知书藏了起来。

那年，她只有16岁，独自挑起了家里的重担，照顾病重的母亲和年幼的弟弟，还要筹备父亲的葬礼。她明白，眼泪是没有任何作用的，于是她擦干了眼泪，有条不紊地处理家中的事情。买了粮食，向亲戚借了一些钱，勉强能够办个像样的葬礼，可她心里却暗自愧疚：父亲辛苦养家，到最后却连一个像样的葬礼都没有。作为女儿，该是如何心疼啊！

葬礼结束后，病痛的母亲才想起了高考的事，问她，她却是淡淡地回答："没收到通知，我想是没考上吧，正好留在家里帮忙。"母亲一声叹息，不再问了，她就这样沉静地安排了自己的人生。

或许是因为早年的经历，后来参加工作的她，处事淡然，遇事从来不慌张，若是有了重大的事情，她只是淡淡地问："是吗？"然后又着手处理工作，有条有理，这让上司和同事都惊讶不已，一个弱女子在遇到事情的时候竟丝毫不慌张。上司认定，这应该是一个干大事的人，于是，越来

越信任她，而她也在沉静从容中步步高升。

沉稳从容的女孩，就像一湖深绿的水，波澜不惊，岸边景色悉数映于心中，清晰可见，自己却不动声色，也不会刻意去打乱这本有的次序，即使有风儿吹乱了，石粒儿砸开了，当外界归于平静，她早就恢复了当初。沉静从容的女孩注重修身养性，当然，她们并不是一味地静静不动，当她动起来的时候，也会有别样的沉静之美。

现在社会，竞争越来越激烈，对女孩的要求也越来越高。为了适应社会，女孩的性格也是多样化发展。但是，沉静从容的女孩却犹如百年陈酿的诗，经久不衰，她们最受人们的青睐与欣赏。

大气为人，不做刁蛮女孩

在生活中，做一个优雅大方、为人称赞的女孩应该是每个女孩一生的追求。而优雅、大方均来自于良好的性情修养。有人说："女孩就像孩子，刁蛮任性。"对此，美国心理学家威廉·科克做了解释："任性是一种心理需求的表现。女性重视两性关系，最害怕被抛弃。她们的轻吟薄怒、刁蛮任性，不过是缘于对爱的渴求，是想引起男人的注意，渴望得到男人的呵护与宠爱，以及试探自己在男人心目中的地位和分量。"当然，女孩的任性、刁蛮、霸道，这本是无所谓好坏的。在生活中，一些运用任性技巧的女孩，几许蛮横中透出的娇憨可爱，会成为其人际关系的调味剂，让异性怦然心动。但是，女孩的刁蛮、霸道并不是无所限制的，一定要把握好尺度，最好能在他人宽容的限度之内。毕竟，对于女孩的刁蛮、霸道，异性可能偶尔会包容，但绝不会长期纵容。

当今社会，许多女孩喜欢以"女强人"自居，认为这是女性独立自主的表现。在工作中，她们独断专制，只注重自己的能力，看不见别人的优点，自认为这就是"魄力"。实际上，这样的女孩只会把自己架空，让自己陷入孤立无援的境地，在工作中自然不能轻松取得成功。当然，女孩回到家中若是摆出一副家中女主人的姿态，把丈夫24小时限制在自己的管辖范围内，使对方没有自己的生活空间，甚至无法呼吸，而自己俨然是一个"母老虎"，也不会拥有幸福、美满的家庭生活。霸道的女孩只会让人敬而远之，何来修养可言？

阿琳是一个任性的女孩，曾因为在工作上与上司吵架而名噪全公司。而她的家人和朋友都称受不了她的性格。闺蜜还半开玩笑地说："赶快来一个凶猛的男人将你收了去，看你还怎么刁蛮霸道！"结果阿琳大声嚷道："谁敢来收我？"

没过多久，阿琳还真的掉入了"爱情"的陷阱中，变得跟温顺的小绵羊似的。但好景不长，不到3个月，她就露出了原本的面目。有一次和男友吵架，阿琳竟然抢过正在点烟的男朋友的打火机，打着了火准备烧被子，这可吓坏了男友。遇到稍不顺心时，她就关手机玩失踪，让男友着急。不仅如此，男朋友的QQ密码和MSN密码，全在她的掌控中。有一次她还用男朋友的名义登录他的QQ，嘲笑另一朋友的相册照片拍得太难看，其实她都不认识对方。

阿琳如此刁蛮且霸道的性格，让一向好脾气的男朋友也受不了了，男友果断地提出了分手。阿琳这样回忆："他是在电话里提出分手的，当时我正在外地出差，太突然了，完全没有想到。也正是因为突然，才那么难过。"从小，阿琳就是优等生，读书时是所有老师最棒的学生，毕业后很轻松就进了好公司，事业上如鱼得水。回想过去，阿琳反思："那时太骄傲了，锋芒太露，习惯了被人捧着的感觉。而他是个内向的人，他不会跟我抱怨，只会不停包容我，直到他自己承受不了。"和男友的分手是阿琳彻底反思的开始，她开始尝试温和地与朋友相处。

有人说："一个记忆力不好的妻子，必定有一个记忆力超强的丈夫；一个不爱清洁卫生的先生，必定有一个洁癖的太太。"那么，一个任性、刁蛮、霸道的妻子，必定有一个迁就的丈夫。其实，在很多时候，女孩的

刁蛮和霸道是男人"惯"出来的。当有一天他的忍耐力达到了极限，那他就会彻底地离开。对于女孩来说，千万不要将刁蛮、霸道作为对付男人的"撒手锏"。女孩要恰当地拿捏住撒娇的技巧和对方的心理承受能力，自己要弄清楚哪些是比较安全的地方，哪些是最好躲避的区域。

阿霞是个心地善良的女孩，对任何人都很热心。可是她经常热心过了头，喜欢为别人做主。刚开始，大家因为她是个热心肠的人，都很愿意和她交往，可是时间长了以后，大家只好躲着她，因为谁也不想自己的家事被人家"插一杠子"。在她家里更是这样，丈夫很多事情也不愿意和她说，因为她总是太过自主，根本就不允许别人有不同的声音。

有一次，隔壁张姐和丈夫商量事情："小李结婚，我们该送多少礼金比较合适呢？"听到这个，阿霞认为自己对这些比较在行，就破门而入，说："你们结婚的时候他送了吗？送了多少？"一连串的话把张姐和丈夫吓了一跳，两人说小李没送，阿霞又说："那你们就意思意思得了，人家都没有送你们礼，干嘛做那个冤大头？"当阿霞走后，张姐说："以后在家说话小声点，那个女孩别看感觉很热心，其实很霸道，什么都喜欢给别人拿主意，她丈夫在家根本做不了主，唉，以后离她远点……"

可是霸道的女孩颠覆了女孩的美好，她们不懂得尊重别人的思想和意见，总是希望周围的事情以自己的意志为转移，这样的女孩即使善良，也无法博得人们的喜爱，伤害的最终是她们自己。不能否认，阿霞这样的女孩很真诚，很热心，可是她的致命缺点就是霸道，凡事喜欢替别人做主。在这样的女孩面前，别人就会无法自由地和她相处，久而久之，别人就会对她敬而远之。

女孩的好性情可以说是一种恒久的美，它是一种文化和素养的积累，是修养和知识的沉淀。温柔、善解人意的女孩或许根本算不上一个十全十美的俏佳人，但她会吸引人们的注意，走到哪里都会很受欢迎。

干练与温柔并济，做职场智慧女性

现代社会，越来越多的女性不再蜗居家中做全职太太，而是跻身到公司，成为独当一面的白领丽人。或许是缺乏自信，或是为了保护自己，许多女性在职场中给自己披上了"刀枪不入"的坚强外衣，干练而果敢，但这却成为阻碍她们事业的绊脚石。虽然，相对于普通女性，职业女性多了干练、果断，但同时也少了一份女性特有的温柔。据社会调查显示，六成以上的职场女性会在工作中表现得异常冷酷，其中，有40%的女性将自己定位为"冷酷型"。面对这样的结果，许多职业女性坦言："我们是为了职业需要而被迫给自己换上冷酷的面孔。"对此，心理专家建议，女性在职场中不必太过冷酷或强悍，而应该将一些女性性情的特质适当运用在管理上。一个职业女性若是干练而不失温柔，平易近人，自然会受到下属和同事的喜欢。

通常情况下，人们更欣赏那些温柔、干练型的职业女性，温柔又不失干练才是职业女性受欢迎的关键。相反，若是过分掩饰自己的女性特点，一旦把握不好只会适得其反。在现实生活中，有的女强人甚至会把自己的干练带回家，在家里指手画脚，处处挑剔，将原本温馨的家变得如职场一般，如此，只会让你失去更多的东西。在这个追求个性化的年代，平易近人的女孩，就像闹市中的一间静谧的茶馆，让人忍不住想歇足休息。

张妈妈已经五十多岁了，刚刚退休，在她这个年纪，本来应该对生活淡然一点，待人随和一点，可是她却总把处理公事的干练、雷厉风行的性情带回家，总是让人受不了，而她自己也总是受气。

儿子出于孝顺，就给老两口请了个姓李的保姆，好照顾他们的饮食起居。可是，张妈妈就是不喜欢这个保姆。每次李阿姨干过的活儿她都要检查一遍。老伴对她说："你这是何苦呢？这样还不如不请阿姨来呢。"可是张妈妈哪里肯听，每次当李阿姨来的时候，她就开始监管的活动，因为李阿姨是乡下来的，在她的眼里，农村来的人都会贪人家便宜，手脚肯定

不干净。

　　可是几个月过去了，她也没有发现李阿姨的"犯罪迹象"，李阿姨为人随和，家里除了张妈妈不喜欢她以外，其他人对李阿姨都很好，尤其是张妈妈的外甥女，每次看见李阿姨，都吵着要抱，可是当张妈妈伸手去抱她的时候，她却躲得老远。张妈妈心里纳闷儿，就对老伴儿说："你说，难道我这个亲外婆还不如一个外人吗？怎么孩子会对一个外人亲呢？"老伴对她说："因为你是个'狼外婆'，哪个孩子喜欢你这样的老人呢？亏你还是个退休老干部，这点道理都不懂，人家李阿姨就是随和，孩子才喜欢她的。"张妈妈若有所思，似乎觉得自己是做错了。

　　一个平易近人的女孩总会给人一种亲切感，与人相处的时候，脸上也总是挂着微笑，和人之间的距离就因为这微笑而一下子拉近了，隔阂也就消除了，情感也就有了加深的可能。张妈妈总是对人刻薄，凡事以公事化的干练果断处之，别人自然会对她敬而远之。

　　阿敏一袭荷叶边套裙，尽显自己的女孩味；而她频频被叫去处理各项事务，又显示出自己雷厉风行的一面。在这位女企业家身上，柔美与果敢，亲切与严厉交织在一起，透出与众不同的韵味。

　　"那可真是背水一战。"说到创业初期的经历，阿敏微笑着，云淡风轻。当时，从来没学过企业管理、不会做预算的阿敏硬着头皮慢慢摸索；员工有了动摇之心，她会耐着性子以身作则。对于员工的管理，她一直坚持"大事讲原则，小事讲情面"，涉及公司的重大决策，她从来都是按原则办事，雷厉风行；而触及员工的个人问题时，她就像朋友一样，倾囊相助。员工在说到她的时候，总是会伸出大拇指："干练而不失温柔的女强人啊。"

　　女性出来打拼事业，对家庭的照顾总会有所欠缺，这是阿敏愧疚的地方。刚到单位任职的时候，女儿正在读中学，她专门问了女儿的意见："妈妈要做厂长了，以后可能没人给你烧饭、管你做功课，可以吗？"女儿使劲地点点头："哪怕以后天天吃泡面，我也支持你。"不料，她上任后不久丈夫就有怨言了，女儿也不乐意了，这时，阿敏告诉他们："认定一条路，就要坚持走下去。"

在她的性格中既有刚强、固执的一面，又有善良、温柔的一面。她说："现在企业走上了正轨，我每周就去学唱歌、弹琴，陶冶性情。"

在生活中，大多数女强人给人的感觉是干练有余而温柔不足，难免会给人难以接近的印象。如此的性情，不仅难以使下属接受，而且也会令她们自己在工作中受阻。所以，多一点温柔，做一个平易近人的女孩吧！

平易近人是女孩的真性情，是一种良好的修养，而不是某些人误认为的成熟世故、圆滑阿谀，柔和并不代表着圆滑，这是一种修养，一种善待他人的处世方式。平易近人的女孩就是一杯茶，会"品"之人自然能品味出那缕缕素雅的暗馨，那幽幽的怡然。

拒绝清高，亲近他人

女孩清高本来不是什么坏事，但却常常拒人于千里之外，而且，在对人态度上，欠缺了某些礼节。大多数女孩习惯性地将清高当作自信，她们可以原谅自己的无知，却不想容忍别人无视自己的美丽。翻开字典，发现"清高"这个词语还是贬义的多些，但令人遗憾的是，大多漂亮的女孩往往有清高的毛病，而更加令人意外的是那些并不漂亮的女孩也跟着学习那些有资本的清高，甚至有过之无不及，在旁人看来却无异于东施效颦。清高的女孩，大多是一张冷若冰霜的脸，态度冷冷，似乎自己就是女王，需要每个人弯腰下来臣服于她，若是稍微有所怠慢，她定会大发怒火，搞得身边的人不得安宁。

清高的女孩拒绝迎合他人，在她们看来，自己才是最重要的人物，没有必要去迎合他人。不管对谁，她们无一例外都是一副冰冷的态度，不了解的人还以为她们是"冰山"呢。在生活中，有资本清高的女孩无非有两种：太漂亮、太有才。毕竟，在人们看来，这两者都是不可多得的尤物，人们在看到她们的时候，往往会抱以敬佩的眼光。料想，你一烧香，她可真的成佛了。许多女孩自知自己魅力出众，不自觉地清高劲儿就上来了，有人好心打招呼，她也不应一声，只是从鼻子里发出一个蔑视的声音——"嗯"。看到那些不如自己漂亮，不如自己有才气的女孩，她们更是将头偏向一边，满脸的不屑。清高的女孩根本不知晓，自己在高摆姿态的同时，也失去了内在的礼仪修养。

露露刚从国外回来，穿着一席红裙就来参加大学同学聚会，在参加聚会之前，她就打听过了，在所有的同学中，自己算是混得最好的：大学毕业后就出国留学，如今已在国外找了个很不错的工作，这比起那些大学毕业后就在温饱线上挣扎的同学强多了。

对此，露露特意穿着才从国外带回来的裙子，抹上了法国进口的香水，如女王般地走进了同学聚会的酒店。在那摇曳的身姿后面，她似乎已经听见了无数的赞叹声，这时，老同学开始招呼了："露露，你回来了""露露，你今天可真漂亮""哟，瞧我们的露露美人来了，大家鼓掌欢迎啊"……会场里响起了热烈的掌声，谁料，露露一句话不说就进了衣帽间，好像根本不认识这群人似的，同学们的脸变得尴尬起来，大家不约而同地相视一笑。

将外套挂好后，露露款款地走了过来，却发现，同学们都三个五个结成一群聊天，没有人关注到她，也没有人来跟她打招呼。有些沮丧的露露坐了下来，一个人品尝着红酒，这时，却听到同学小声的议论声："她还是跟大学一样，假装清高。""有什么了不起，不就是出国留学嘛，没想到，一点礼貌也没有。""我看她是越活越回去了，之前见面还笑一下，现在连笑容都不见了，活脱脱一冰山……"露露脸红了，过了一阵，她就找了个借口提前退席了。

在生活中，像露露这样清高的女孩大有人在，她们的结局都是一样，不受人们的欢迎，反而令人讨厌。一个有良好礼仪修养的女孩，她懂得迎合他人：别人打招呼，她会友好地回应；遇到熟悉的人，她会露出友好的笑容。那些不屑、嘲讽的表情几乎不会出现在她们的脸上，在那些聚会场合，她们如灯光般绽放自己的优雅魅力。

清高的女孩把那些想要亲近自己的人推之于千里之外，最后，她们的世界只剩下她自己。其实，清高的女孩都是孤独的，所谓"高处不胜寒"，自认为自己站立在人群之上，实际上，却成了大家孤立的岛屿。在许多女孩看来，清高似乎是对自己的一种保护，其实，在某些时候，清高反倒成了她们失意和不幸的根源，她们的清高在伤害了别人的同时也伤害了自己。

王婶的女儿从外地回来，脸上遮着一块纱巾，在家住了两天就匆匆走了。她已经好几年没有回家了，看到她，自然想起了关于她的一些往事。

王婶的女儿是院子里最漂亮的姑娘，不仅漂亮，而且还是大学生。院子里的人都羡慕她，而她似乎也知道自己很美，大学毕业就打扮得像个模特一样，院子里的人跟她打招呼她也不搭理。大家背后都说："这小丫头装清高，都念了大学了，还不懂礼貌。"

谁料，在前几天，她的男朋友在和她吵架时用刀在她脸上划了几下，之后，她就在脸上遮了一块纱巾。而那个男朋友也因为人身伤害而被判入狱，他在法庭供述的犯罪理由居然是"她太清高了，伤害了我作为男人的自尊，一时激动下了手。"

作为女孩，游离于人际交往中，应该懂得迎合，不要让清高拒人于千里之外，而应该亲切、礼貌地与他们相处，这也是礼仪修养的组成部分。

会撒娇的女孩很可爱，但不可"腻人"

千百年以来，撒娇一直就是女孩的天性，女孩不一定要漂亮，但一定要会撒娇。有人很夸张地说："撒娇的女孩可以使春风化雨，可以化腐朽

为神奇，即使再彪悍粗犷的男人在撒娇的女孩面前也会垂下高傲的头。"会撒娇的女孩看上去更有魅力，她们的一个娇嗔或一个媚眼，往往会使男人心旌摇曳。对于女孩来说，撒娇是一种本领，也是一种技巧，会让男人觉得这个女孩很有女孩味。会撒娇的女孩总是特别有女孩味，举手投足之间，总会让男人为之心动。女孩会握着一双小粉拳在男人胸口轻打着说："我恨你。"这时，男人不但不生气，还会眉开眼笑地把女孩搂在怀里说："好了，好了，别生气了，都是我不好。"于是，女孩就可以装作小鸟依人似的伏在他怀里了，这样的情境常在恋人之间发生。

其实，撒娇不会只存在于恋人之间，有时候，我们对上司或客户也可以撒娇，当然，撒娇可以，不宜腻人，否则就失去了礼仪之美。大量事实证明，会撒娇的女孩比那些腼腆内向、自视清高的女孩子更能打动人心，也深得人们的喜爱。甚至，会撒娇的女孩在职场也会很得意。在上司面前，可以嘟着小嘴说："老总，你看这事要怎么办"或"局长，我这样处理对吗"，如此的软言细语，通常会惹得上司心花怒放，而自己办起事情来自然顺利多了。会撒娇的女孩即使没有什么工作能力，但对同事左一个"张哥哥，帮我送一份文件去郊区嘛"，右一个"李叔叔，帮我写个材料嘛"，这种亲昵而不出格的撒娇，自然会帮助你在职场中平步青云。当然，对上司或同事，撒娇要适当，撒娇太多会让人会错意，结果弄得很尴尬。

王先生坐在沙发上，说道："便宜点吧，上次还到你这里买了沙发呢。"销售小姐的声音甜得腻人："呃，最低2800元，不能再低啦，就是因为你上次来过了才能这么便宜的哦。"王先生叹了口气，仍做最后的挣扎："哎呀，再便宜点，就整数好了，2500元。"销售小姐做受伤状："2500元？不行啊，太低了。"王先生说道："就2500元吧，我已经在你这里买了很多东西了。"销售小姐的声音软到了极致，脸上也泛起了潮红："哎哟，先生，2500元真的太低了，我们都入不了账，要不这样吧，2600元，再低实在不行了呢。"

虽说，你入不了账跟我没什么关系，但王先生还是忍不住点了头，一副怜香惜玉状："2600元就2600元吧，快点给我开单子，我还有事呢。"

面对会砍价的客户，销售小姐撒起娇来，最后成功地将产品推销了出去。虽说，撒娇是女孩的拿手好戏，但撒娇并非在任何场合都可以使用，而过分撒娇也会毁掉撒娇本身的韵味。

老公买股票赔钱的时候，太太会关心地问："听说，股票又赔了很多钱，要不要紧啊？到底赔了多少啦？"老公无奈地说："50万元。"太太吓了一跳："你说什么？50万元啊！"老公伤心地说："是啊！现在不景气，又亏了50万元，好心疼啊！"

太太看见老公这么伤心，轻松地撒娇："股票也不是到了今天就不动了，会跌就一定会再涨起来的，别想太多了。"老公在太太的安慰下，心情好了很多："说得也是，说不定明天就回升了！"

在这里，太太的撒娇适时将老公从困境中拉了出来，这也是撒娇的力量。当然，撒娇并不是每一个女孩都能轻松驾驭的。大多数女孩认为，撒娇就是将声调拉高八度，拖长尾音，其实，撒娇也是一门学问。所谓"脾气不可以乱发"，娇也不可以乱撒，过分撒娇往往令他人感到厌烦，令人反感，反倒弄巧成拙。

俗话说："物极必反。"凡事不要做得太过分，这绝对是做人做事的至理名言，而对于撒娇来说，也是一样的道理。女孩在向男人撒娇的时候，无非是想让他用行动或语言来重视自己，如果对方已经有所表示，那你应该见好就收。如果你执意不收，继续撒娇，不知进退，只会令男人觉得你很难服侍，同时，也会觉得你很没有修养。

陶冶情致，保持自己的兴趣爱好

一个有修养的女孩必定有着自己独特的爱好和兴趣。健康需要清水的

呵护，女孩需要事业和家庭的滋润，更需要情致的陶冶。女孩要有自己的兴趣和爱好，以此丰富自己的生活，释放自己的身心，让自己有个健康的生活方式，保持自己的兴趣爱好，做一个性情中的女孩。如果一个女孩只知道上班、吃饭、睡觉，她的生活一定是没有颜色的，是苍白的。爱因斯坦说："兴趣是最好的老师。"兴趣是一个女孩生活丰富多彩，追求人生梦想的源泉。

其实，有的女孩本来有很好的专业素质，有自己的理想和追求，但却因为琐碎的事情埋没了自己的才智，从而失去了自我。实际上，从日常生活的角度来看，一个女孩的兴趣爱好对家庭是有重要意义的。母亲的影响对一个孩子的健康成长十分重要，一个有着好的知识素养和审美情趣的女孩可以与丈夫做更好的交流，而这利于整个家庭的幸福和睦。

自从和丈夫结婚后，丽丽就在朋友的羡慕中辞职做了全职太太，然后和一般女孩一样经历了怀孕、生子。她的人生似乎就应该围着丈夫和孩子转了。可是她并不开心，因为她感觉自己生活得很空虚，每天丈夫回家后，他们的话题就是孩子今天怎么样，今天吃什么。丽丽越来越觉得自己的生活很压抑，需要呼吸一下外面的新鲜空气。

有一次，她和以前的同学一起聚会，对以前的几个闺中密友说了自己的苦衷，其中一个人对她说："你真是身在福中不知福，不愁吃不愁穿的，有丈夫养着。我们呢？为房子、为孩子什么时候闲过？你还说空虚？"另外一个同学说："你的想法我明白，我以前也是这样的，一个人没有了生活的乐趣和追求的目标，简直生不如死，一个女孩被限制在家庭中，的确很苦闷，你啊，的确应该重新去寻找生活的目标，有了兴趣，生活自然就会有意义。"听了朋友的话，丽丽决定出去工作，重拾自己的舞蹈事业。

从那以后，丽丽忙碌了起来，虽然忙，但她的生活开始有滋有味，她也慢慢地了解到丈夫工作的辛苦，两人的关系似乎又回到了恋爱的时候。

生活往往就是柴米油盐构成的单调曲子，如何把这支曲子变得快乐起来？这就要靠女孩自己用兴趣来谱写，一个有修养的女孩的生活也绝不会单调、死气沉沉。一个有修养的女孩是一个有情致的女孩，她往往也是一个快乐的女孩。很难想象，一个没有自己的兴趣、爱好的女孩，会过什么样的日子，又会经营出一个什么样的家庭。

小李是一个刚毕业的女大学生，从小她就对中国的书法、国画等传统文化有浓厚兴趣，因此她对书法很有研究，经常练书法练到痴迷的地步，也收集了很多名人的书画作品。毕业后，她被安排到一个小镇的中学教语文，在她看来，自己的这份工作不仅适合自己的专业，还可以经常练练自己的书法。

有一次，省里书法协会的会长来学校做演讲，当时，小李也在接待室，校长就对协会会长说："这是我们学校的小书法家，别看她年纪小，对书法还是相当有造诣的。"协会会长不敢相信，认为一个20岁的女孩子会有什么书法造诣，肯定是吹嘘的。可当小李的"宁静致远"落笔以后，他不禁赞叹："真不敢相信这是一个20岁的女孩写的，笔力苍劲而沉稳，丝毫没有浮躁之嫌，看来对于书法的领悟能力，真不是靠年纪来论处的，你是个天才！"当场，协会会长对小李的几个字爱不释手，后来，当他回城之后，力荐小李进入书法协会，而这恰恰满足了小李多年的心愿。

日本教育家木村久一说："天才，就是强烈的兴趣和顽强的入迷。"天才并不是天生而就的，对小李来说，自己的成功固然少不了机遇，但她对书法的造诣真正来自于强烈兴趣下的入迷和坚持不懈的努力。兴趣与认识和情感有着密切的联系。如果一个人对某种事物没有认识，也就不会产生情感，因而也就不会对它发生兴趣。相反，认识越深刻，情感越丰富，兴趣也就越深厚。兴趣是一个人走向事业成功的开始。有人曾总结世界上数百名诺贝尔奖获得者的成功原因，其中之一就是他们对所研究的科学事业有浓厚的兴趣。

而对于一个女孩来说，兴趣就是性情修养的一个方面，也是女孩走向

成功的开始。女孩不能因为生活而放弃对兴趣和理想的追求，而是需要保持自己的兴趣与爱好。兴趣，让女孩的生活变得多姿多彩，也使其性情得到一定的修炼，如此，女孩的修养也就浑然天成。

平和内敛，女孩学会低调处事

在生活中，经常会看见张扬的女孩，她们就像是到处乱飞的苍蝇，无孔不入，而且，无论是说话做事都异常高调。这样的女孩，在某种程度上是缺乏礼仪修养的，一个太过张扬、太过高调的女孩，因为太过看重自己，而忽略他人的感受，这本身就是一种不尊重。作为一个女孩，需要在低调中修炼自己，低调处事，这是一种进可攻、退可守，看似平淡实则高深的处世谋略。说到低调，就会使人联想到谦卑，低调的女孩同时又是谦卑的，而谦卑则是一种智慧，是人际交往的黄金法则，懂得谦卑的女孩，必将得到人们的尊重，受到他人的敬仰。低调处事，其实是大智若愚，掩饰了自己真实的野心、权欲、才华、声望，而成为甘为愚钝的低调女孩；低调处事的女孩能够平和待人，她们常常用平和的心态去对待人和事，因为低调才是打开成功之门的钥匙。

中国人受儒家传统文化的影响，使得人们常常将"谦逊"作为衡量一个人是否有修养的标准之一。古人曰："满招损，谦受益。"其实，不仅中国人如此，外国人也一样，法国思想家孟德斯鸠说："我从不歌颂自己；我有财产、有家世，我花钱慷慨，朋友们说我风趣，可是我绝口不提这些。固然我有某些优点，而我自己最重视的优点，即是我谦虚……"如此看来，谦逊是人们共同珍视的美德。而张扬的女孩是不懂谦逊的，唯有低调处事的女孩才能真正做到谦逊。

王姐对低调处事有过深刻的体验：

那次，在她被提职的几天里，她与朋友聚了一次。朋友都不知道她提升的消息，她很想把这个好消息告诉大家。而且她与另外一个好朋友都是被提升的候选人，同为候选人，自己和那位朋友之间肯定会有些竞争，而现在的结果是自己得到了提升，所以她很想告诉大家自己被提升了，而那位朋友落选了。

话到了嘴边，她隐隐觉得有个声音在说："不要，千万别说！"她想了想，淡淡地笑了一下，只告诉大家自己被提升，而没有说到另外一位朋友未被提升的事情。说完了之后，她感到自己从未有过的平静与自豪：她没有张扬，却享受到了成功的喜悦。

越是张扬的人，其内心越不能平静，反之，越是低调的人，其内心越容易平静。有时候，我们越不在众人面前显示自己，就越容易获得内心的宁静。张扬自我是一个可怕的陷阱，它会使你把大量的精力放在显示成果、自吹自擂上，而这通常会使你变得骄傲自满，忘记了自我，最后你会成为人人避之而不及的孤家寡人。或许，你正自鸣得意的时候，恰好是受人奚落之时。所以，作为女孩，需要修炼一份难得的低调，不要张扬，凡事以低调处之。

第 6 章

语言修养：能说会道的女孩总能交好运

我们都知道，相对于男人来说，女性更喜欢与人交流，她们很喜欢聊八卦，聊邻里，也经常被男人嫌弃为"爱唠叨的人"。而如何说话却是一门学问，尤其在重视口才的现今社会，每个女孩都应该提高自己的说话能力，当然，只要你在平时的言语中多加注意，该说的说，不该说的不说，想好了再说，时间长了，自然就能练就出一副让人羡慕的嘴皮子。

言不在多，但要字字珠玑

在现实生活中，我们发现许多女孩相貌可人，窈窕多姿，可是说起话来却犹如滔滔江水连绵不绝，可能说三天三夜也说不完。其实，对于有修养的女孩来说，言不在多，而在于说得漂亮，能够打动人心。说话是一门值得推敲的艺术，女孩在人际交往的过程中，说话的好坏将直接关系到与人相处的融洽度。而善于揣摩对方心理，三言两语就能够把话说到别人的心里去，这是说话得体、动听，是达到成功交往的关键因素。俗话说："言多必失。"因此，在交谈过程中，女孩要抑制自己说话的欲望，尽量用最短的话来表达自己的思想，把话说得漂亮，这才是交际成功的重要因素。

许多女孩说话还有一个明显的弊病，那就是非常啰唆，她们会把一件很简单的事情复杂化，本来三言两语就能说清楚的问题，她非要重复无数遍，结果越说越离谱，自己也搞不懂在说什么。人们通常会从一个人的说话看出这个人的做事风格：说话干脆、不拖泥带水的人，大多都是自信心很强、办事果敢的人；而那些长篇大论、废话连篇的人，则通常都是思维比较迟钝，做事犹豫不决、优柔寡断的人。对此，高修养的女孩说话会比较简洁，不会把一句话翻来覆去地说。

在很多时候，简洁的话语比那些长篇大论更容易被人们所接受。所谓"浓缩就是精华"，说话并不是需要说很多话，而是如何将话说得漂亮。

因为简洁，所以表达的思想会更有深度；因为简洁，所以表达的意思更加清晰；因为简洁，所以彰显的内容会更有力度。

许多人常常疑惑：如何才能更好地表达出自己真实的思想和感情呢？其实，这里有一个秘诀，那就是：话不在多，而在于说得漂亮。在生活中，高修养的女孩说话往往简洁明了，因为说话的精髓在精而不在多。在人际交往中，要想真正将自己的话说得有力度，就必须让自己语言简洁一些，这样才能在最短的时间内让对方明白你所说的意思。同时，在说话过程中，你也向对方展示了自己的语言修养。

吴仪曾说："我从没想到要投身政治，只想做个企业家。"1967年，29岁的吴仪初到燕山石化，她凭着一股子干劲，从开推土机到做技术员、工程师，再到出任厂长、经理……人们曾以敬佩的口吻说："她几乎是从男人堆中干出来的。"在国际谈判桌上，吴仪以其机智、干练和强硬，赢得了"中国铁娘子"的美誉。而且，在众多的外交谈判专家中，吴仪算是一位话不多但说得最漂亮的一位巾帼豪杰。

1991年，中美进行知识产权谈判。一开场，美国人态度嚣张："我们是在和小偷谈判。"吴仪闻后，立即予以反击："我们是在和强盗谈判，请看你们博物馆里的展品，有多少是从中国抢来的？"她犀利的语风、简洁有力的语言让对手意识到"这个女孩不简单"。美国前商务部长埃文思评价她说："她总是面带微笑，可这微笑中能让人感到她坚强的神经和工程师般的思维。"

女孩一定要记住：话越少，越能彰显出语言本身的魅力；话越多，就如同老太太的裹脚布——又臭又长。"言不在多，达意则灵"，说的就是这个道理，聪明的女孩善于用几句平凡、朴实的语言俘获听者的心，她们并没有讲太多的话，却能够把自己的思想和感情表露得十分完美。

真诚说话，才能打动他人

曾经打败过拿破仑的库图佐夫，在给叶卡捷琳娜公主的信中说："您问我靠什么魅力凝聚着社交界如云的朋友，我的回答是'真实、真情和真诚'。"真诚，是说话成功的第一步，把话说得真诚，话才动听，也才能打动人心。白居易曾说："动人心者莫先乎于情。"隐藏在话语里的至真至诚往往能使"快者掀髯，愤者扼腕，悲者掩泣，羡者色飞"。把话说得漂亮，并不在于华丽辞藻的堆砌，而是话语里蕴含的真意、诚意。说话如果只求外表漂亮，而缺乏了其中的真诚，那它所开出的只能是无果之花，或许，这能欺骗别人的耳朵，但却无法欺骗别人的心。对于经常出入交际场合的女孩，如果要想打动他人的心，就必须先使自己动情。

著名演说家李燕杰说："在演说和一切艺术活动中，唯有真诚，才能使人怒；唯有真诚，才能使人怜；唯有真诚，才能使人信服。"生活中，与人交谈，贵在真诚。古人说得好："功成理定何神速，速在推心置人腹。"在语言交流过程中，只要我们捧出一颗至真至诚的心，对方何以不感动呢？说话的目的是为了沟通，为了打动人心，话语中的真诚就是打开对方心灵之门的钥匙。用自己的心去弹拨对方之心，用自己的情去打动对方，如此，才能使听者闻其言，知其声，见其心。

北宋词人晏殊以说话真诚著称。晏殊14岁的时候，有一次参加殿试，宋真宗出了一道题。晏殊看到试题之后，说："陛下，十天以前我已经做过这个题了，请陛下另外再出一个题目吧！"宋真宗见晏殊如此真诚，对他十分信任，并赐予他"同进士出身"。

在晏殊任职期间，他都在家里与朋友们闭门读书，而其他大小官员都在吃、喝、玩、乐。有一次，宋真宗点名要晏殊辅佐太子，对此，许多大臣都很疑惑宋真宗怎么会点一个"同进士出身"的人呢？宋真宗说："近来大小官员经常出门吃、喝、玩、乐，唯有晏殊与朋友们每天在家读书、写文章，如此自我谨慎，难道不是最合适的人选吗？"晏殊听后，笑了，

他向宋真宗谢恩，然后解释道："其实我也是一个喜欢游玩的人，但因家里贫穷无法出去，如果我有钱，也早就溜出去玩了。"宋真宗听了，十分赞叹晏殊说话的真诚，对他也就更加信任了。

美国总统林肯曾说："一滴蜂蜜要比一加仑胆汁吸引更多的苍蝇。人也是如此，如果你想赢得人心，首先就要让别人相信你是他最真诚的朋友，那样，就会像一滴蜂蜜吸引住他的心一样。也就是一条坦然大道，通往他的理性彼岸。"用真诚的话语打动人心，这本来就是最佳的沟通方式。

其实，在语言交流过程中，语言的真诚，不论对说话者还是听者来说，都是极为重要的。说话的魅力不在于说得多么流畅，多么滔滔不绝，而在于是否善于表达真诚。有着较高语言修养的女孩，不见得一定是口若悬河的人，而是善于表达自己真情实意的人。在语言交流中，如果你能用得体的语言来表达你的真诚，你就很容易赢得他人的信任，与他人建立融洽的关系。那么，对方就有可能会喜欢听你说话，或者答应你提出的要求。而那些打动人心的真诚话语，才可以说是"一字千金"。

当公司还是一个小工厂的时候，王姐作为公司的领导，总是亲自出门推销产品。而每次碰到砍价比较厉害的对手时，她总是真诚地说："我的工厂只是一家小作坊，这大热天的，工人们在炽热的铁板上加工制作产品，汗流浃背，他们该是多辛苦啊，但一想到客户，他们依旧努力工作，好不容易才制造出了这些产品。为了对得起这些辛苦的工人，我们还是按照正常的利润计算方法，你看如何？"

听了这样真诚的话，客户开怀大笑，说："许多来找我推销产品的人在讨价还价的时候，总是说出种种不同的理由，但是你说得很不一样，句句都在情理之中。我也能理解，你和你手下的工人都不容易，好吧，我就按你开出的价格买下来好了。"

王姐的成功，在于真诚的说话态度，她的话语充满了情感，道出了工人工作的辛苦、创业的艰辛。从表面上看，她的话语本身并无矫饰，异常淳朴，但是，正是她真诚、自然的语言，唤起了他人内心深切的同情。恰恰是王姐通过语言表达出来的真诚，换来了对方真诚的合作。在生活中，人与人之间应该以诚相待，不管是朋友还是老板，当你袒露了自己的真诚，相应地，你也将收获对方给予的真诚。

在日常生活中，说话流利、滔滔不绝的人，虽然语言表达十分流畅优美，但若缺少了真心诚意，那就失去了所有的吸引力。如此的话语就如同一束没有生命力的绢花，很美丽但不鲜活动人，缺少魅力。在说话过程中，我们首先应该想到的是如何把自己的真诚融入语言中，如何把自己的心意传达给他人，因为只有当对方感受到你的真诚时，他才会打开心门，接受你表达的观点，而彼此之间才会有继续交流的机会。毕竟，只有把话说得真诚，才会打动人心。

倾听是一种最好的语言修养

倾听是一种美德，没人会喜欢开口就叽叽喳喳的人，他们更喜欢能够认真倾听自己说话的人。在交流过程中，如果你能恰到好处地将这一美德表现出来，即可赢得他人的好感。或许，有人会问什么才算是最好的语言修养，答案其实很简单，那就是倾听。有许多人错误地理解为多说话才能展现自己的魅力，这恰恰是错误的，多说话会给我们带来许多负面的影响：说得太多，有可能会使他人对你产生戒心，认为你有某种企图；说得太多，他人会对你敬而远之，因为他没有义务当你的倾诉桶；说得太多，难免会出错；说得太多，暴露的信息就多，你就会被别人看穿。所以，做一个懂得倾听的女孩，你会赢得比别人更多的机会。

上帝给我们两只耳朵一张嘴，其实就是要我们多听少说。在生活中，那些最有魅力的女孩一定是倾听者，而不是喋喋不休的诉说者。在小说《傲慢与偏见》中，伊丽莎白在一次茶会上专注地听着一位刚刚从非洲旅

行回来的男士讲自己的所见所闻，她几乎没有说什么话，但分手时那位绅士却对别人说："伊丽莎白是个多么擅言谈的姑娘啊！"或许，这就是倾听的魅力。在语言交谈过程中，或许她并没有说几句话，但她一定会赢得他人的好感，并且认定她是一个善于言辞的人。这是因为倾听本身就是一种良好的语言修养，而女孩恰恰以自己的修养征服了人心。

善于倾听，是成熟女孩最基本的素质。会倾听的女孩，心灵深处是阳光。善于倾听的人，才是睿智的人。专注地倾听他人说话，是你所能给予他人最有效的赞美，因为人们总是更关注自己的问题或兴趣。同样，如果有人愿意听你谈论自己，相信你也会有一种备受重视的感觉。

小罗是一个很受欢迎的人，她常常会接到不同的邀请，而她在各种社交场合，都能和大家打成一片。朋友小林十分敬佩她，不过，她始终没能找到小罗受欢迎的秘诀。

有一天晚上，小林参加一个小型的社交活动，一到场她就看见了小罗和一个风度翩翩的男士坐在角落里。小林发现，那位英俊的男士一直在说，而自己的朋友小罗好像一句话也没说，只是偶尔笑一笑，点点头。回家的路上，小林忍不住问小罗："刚才，那位男士好像和你聊得很投机，你是怎么做到的？"小罗笑着说："刚开始我只是问他：你的肤色看起来真健康，去哪里度假了吗？他就告诉我他去了夏威夷，还不断称赞那里的阳光、沙滩，之后顺理成章讲起了那次旅行。接下来的两个小时他都一直在谈夏威夷，最后，他觉得和我聊天很愉快，可是，我实际上并没有说几句话。"

看完了这个故事，你应该清楚小罗为什么总是那么受欢迎了吧。是的，原因就是认真地倾听。其实，在沟通过程中，倾听是对谈话者最基本的尊重，同时也是有效沟通的前提。懂得倾听，认真倾听，让对方感受到你的注意力，让他觉得你对他所谈的内容很感兴趣，那么，你和他的心理距离就会缩短。在这样友好的氛围中，对方更容易对你产生好感，而你掌握主动权的机会也会更大。

在日常交际中，我们习惯用语言来交流思想，用心来沟通感情，但是，沟通与交流需要的仅仅是语言吗？答案是否定的，在很多时候，我们都很容易忽视了耳朵的作用，也就是倾听。倾听是一种交流，更是一种亲近的态度，只有倾听才能领略别样的风景，只有倾听才能真正地走进对方的心里。

布里德奇说："学会了如何倾听，你甚至能从谈吐笨拙的人那里得到收益。"倾听并不是没有任何意义的随声附和，一个优秀的倾听者可以从说话者那里获取大量的信息，从而赢得对方的喜欢。倾听也是有技巧的，除了听之外，需要适时地重复对方话语中的关键字眼。当然，倾听比说话更需要毅力和耐心，假如你只是埋头玩自己的手机，或者把头瞥向一边，这样无疑会打击说话者的积极性。

女孩应该学会倾听，等别人说完了后再发表自己的意见，这样就能搞清楚别人的意图是什么，就知道怎样应对，就会赢得别人的尊重，因为受人尊重的前提是尊重别人，倾听就是一种尊重，也是一种习惯。倾听并不是对别人巴结献媚，而是发自内心的倾听，经常这样用心倾听别人的内心世界，你会发现，你在无形中学会很多东西。当然，女孩不但要学会用耳朵去倾听，还要学会用心去倾听。只有听懂了别人表达的意思才能沟通得更好。倾听是说话的前提，先听懂别人的意思，再表达出自己的想法和观点，才能更有效地沟通。同时，听懂了别人的意思，你才有机会掌握沟通的主动权。

把握节奏与音色，让语言充满感染力

在日常交际中，如果一个人能把握好语言的节奏，而说话的声音也很甜美，那就会增添她的女性气质，从而使她的语言充满感染力，如此更能深入人心。说话其实是一门复杂的功课，说话也是需要"包装"的，诸如

说话的节奏、音色、音调等。同样的话，从不同的人口中说出，效果可能大不一样，因为她们说话时的节奏、声音不同，所以说话时所表达的感情自然不一样。

我们先来谈谈说话的节奏。语言是我们用来表达思想、交流感情、抒发胸臆的工具，同时，也是心理、感情和态度的自然流露。而在语言表达的过程中，其实暗藏玄机，究其根源，在于说话的节奏快慢将直接影响说话的效果。每个人都有自己相对固定的说话方式，而说话节奏却不是相对固定的，往往快慢有致，这样才能有效地传情达意，又能令听者感到悦耳动听；如果节奏把握不当，缺乏快慢变化，始终保持一个速度，那就很难准确、恰当地表达出自己的想法，也会使听者感到厌烦。

已到不惑之年的李太太平易近人，受人尊敬。她说话节奏总是不温不火。

在一次聊天中，李太太向大家解释了她说话较慢的原因，李太太说，她说话之所以比较慢，原因有三个：一是性格比较温和；二是由于讲话从来都是随想随说，这就需要思考充分，才能准确表达出自己的思想感情；三是她所说的每一句话都是带着感情的，这样慢的语速更能表达出自己的感情。坐在身边的小王终于明白为什么李太太总是那么受欢迎了，那是因为她说话节奏总是让人感到温暖、平易近人。

当然，在日常交际中，更多的时候我们是根据表达思想感情的需要来确定说话节奏的快慢缓急。例如，在表达一般的内容时，我们说话节奏适中，既不要太快，也不要太慢；当表达兴奋、激动、愤怒的思想感情时，我们说话的节奏会变得很快；当表达庄重、怀念或失望的思想感情时，我们会把节奏放得很慢，娓娓道来。

下面，我们再来谈谈说话的音色。在日常生活中，每个人的音色各有特点，有的声音洪亮，有的声音沙哑；有的声音尖细，有的声音粗重；有的声音清脆如玉珠落盘，有的声音薄如金属之音。于是，通常我们不用眼睛看，只要听到对方的声音就能判断出这个人是谁，由此可见，一个人说话的声音能够有效地为其贴上标签，也就是我们常说的"闻声辨人"。同时，独特的声音还能够感染他人，比如百灵的鸣叫能够使人心旷神怡，嘹亮的军号能够使人精神抖擞。动人的音色对于女孩来说极其重要，它将大大增加你的语言魅力。

邓丽君的声音有一种特别的气质，那是一种若干年后你再听到仍然愿意为此驻足街头的声音……事实上，邓丽君虽然从小就表现出极佳的音乐天赋，但她的声音并不是完美无缺的。她原本是一副小嗓门，声音比较柔和单薄，这种先天因素并不容易改变。为此，她的音乐老师姚厚笙从头对她进行细致的指导，由发声方法到歌唱习惯，均悉心调教。

1984年，已经蜚声全球的邓丽君专程到英国向声乐老师学习运气、发声和共鸣。事后她说："我需要在每个阶段的学习后停下来，解决一些本身存在的问题，挖掘一下没有发挥出来的潜力。"在英国学习期间她很用功，每天会练习六七个小时。"我的老师让我每天起床后都要吊嗓子30分钟。早晨还没有开声，练提气练到最高处，发出的声音是很难听的。"有一回，当她吊完嗓子，酒店服务员给她送茶水时，在杯垫上写了一行字："我们英国人最讨厌有人在早晨乱叫！"弄得邓丽君一时哭笑不得。

在经过刻苦训练之后，她的声音中充满了东方女性的神韵，温柔不失坚强，美丽而且善良……她唱歌时几乎听不出有任何换气的地方，她可以在没有鼻音的状况下唱出连续的高音，而且她的咬字也非常清晰，令人着迷。

有人曾经这样说："有一种声音可以用一生倾听，有一种温柔可以环抱一个年代，那就是邓丽君。"我们只能说，她那独特迷人的声音影响了几代人，直到现在，她的声音还是经久不衰。由此可见，良好的语言表达需要具备独特而有魅力的音色，这样你所说的话、所唱的歌，才能深入人心。

言辞优雅从容，不被情绪左右

小说家亚诺·本奈说："日常生活中大部分的摩擦冲突都起因于恼人的声音、语调以及不良的谈吐习惯。"如果仔细观察身边的人，可以发现大多数人都是带着情绪在说话，缺少了应有的优雅从容。对此，哈佛大学前任校长伊立特说："在培养一个有教养的人的教育体系中，有一种训练是必不可少的，那就是优美而文雅的谈吐。"在生活中，善于说话的女孩不但能使陌生人见了她们产生良好的印象，而且还能够广结人缘，到了哪儿都能受人欢迎。有的人说话喜欢随便使用粗俗的语句，不肯"三思"而后言；还有许多人整天只会说一些没有任何意义的琐事，这样的说话方式肯定会招致别人的反感。

一个人说的话能够反映出他的一些信息，比如内心所想、从事职业等。一般而言，当内心通畅的时候，说话就会清亮和畅；内心平静的时候，语言会比较平和；内心兴奋的时候，声音就变得有点尖锐。现代心理学认为，不同的说话方式会给人不同的感受。而其中，优雅而从容的语言表达会给你的说话增加筹码，不管你是在聊天，还是在说服别人，都具有很好的作用。女孩在说话的时候，需要时刻保持优雅的谈吐，不要轻易被情绪左右自己的话语。有的女孩在生气的时候，说话就毫不顾忌，抱怨、怒骂，甚至爆粗口。其实，如此的做法会让你少了几分优雅，多了几分粗鲁，自然，也会大大地降低你在别人心中的良好形象。

销售员小丽说："我本质上不是一个温柔的人，因而，对于优雅的谈吐并没有太多感性的认识，可是不久前我就亲身领教了一回它的力量。"小丽在一家公司做售后回访，通常情况下，她很客气地问候客户时，对方多能比较礼貌地回应她。但也有态度很粗暴的客户，没等她把话说完，就"啪"一声挂电话。

由于工作要求，小丽在做回访时说话绝不能受情绪的丝毫影响，不能因为对方的粗鲁而变得狂躁不安。相反她得使用优雅的语言与其对话，

113

这时她惊奇地发现，往往态度不好的人在听了她优雅的谈吐后，平静了很多，到最后简直就与一开始判若两人了，非常客气，甚至能主动向她致谢。第一次她以为是碰巧了，可第二次、第三次，当她坚持以曼妙声音和温柔态度对待不太友善的客户时，得到的都是同样的结果。

优雅的谈吐所传递的是一种温柔的态度，在这样的态度面前，所有的烦躁、粗鲁、不愉快都会土崩瓦解，原来，优雅而从容的谈吐有如此巨大的力量。女孩的优雅可以营造出一个温馨的谈话氛围，形成一个神秘的磁场，让对方潜移默化地认同某一种价值观，态度也会随之发生微妙的变化。

露露是一个容易发火的人，一旦她心情不好的时候，若是别人在某些方面得罪了她，她就会火冒三丈，不管对方是谁，只管一股脑儿发泄自己的怨气。

有一次，露露正坐着与同事聊天，无意中看见另外一位同事正在翻看自己的抽屉。她一下子怒火攻心，站起来大声喝道："你干嘛呢？在我抽屉里翻来翻去，跟做贼似的。"被叫住的同事知道露露的脾气，慢慢解释："你在办公室啊，我以为你不在呢。领导叫你交企划案，我记得早上你说已经做好了，我想找到帮你交上去，否则，误了提交时间，领导是要生气的。"听了解释，露露的火气不但没降下来，反而更加剧烈："我的事不用你管，少在那里瞎操心！"

不远处几个同事小声议论："真搞不懂她，刚才还优雅得如同一只白天鹅，现在就活脱脱一只母老虎。"

想必，露露是大多数女孩在生活中的缩影吧。女孩天生就是情绪化的动物，有可能前一刻还在微笑，下一刻已经在哭了。因此，她们在说话时也很容易受到情绪的影响：心情不错时，就会保持优雅从容的谈吐；生气的时候，则会拍桌子瞪眼睛，全然没有了优雅的姿态；紧张的时候，则会忸怩作态，不知道该说什么。对此，女孩应该战胜不良的情绪，争做优雅的女孩。无论在什么时候，都要面带微笑，保持优雅的姿势，从容对答，千万不要被情绪搅乱了话语。

女孩善于赞美，令你受益无穷

心理学家认为，人类本质中最殷切的需求是：渴望被肯定。在生活中，被人赞美是一件令人喜悦的事情，恰如其分的赞美，能使人感受到人际间的理解和温馨，能够打动他人，有效地增进赞美者与被赞美者之间的心灵交流。一个女孩若是学会了赞美，往往会使她受益无穷。在日常交际中，经常赞美他人不仅能打动他人，也能使自己获得友情和帮助。每个人总是对自己最感兴趣，认为自己最重要，希望被人赞美，那么，你在与他人的交往过程中，应该遵循一个原则：真诚地赞美他人，并且将赞美的话说得恰到好处。

对于赞美，也是需要一定的技巧的。赞美不能太夸张、太过分，而是需要恰到好处。在生活中，我们经常听到"你这个人真是太好了"，虽然这听上去是一句赞美的话语，但是，"太好"是有多好呢？赞美者却没能说清楚，给人一种虚假的感觉。如此赞美，不仅不能打动人心，反而令人生厌。因此，女孩应该记住：在赞美他人的同时，需要将赞美的话说得恰到好处。

有人说："世界上最华丽的语言就是对他人的赞美。"大量事实证明，适度的赞美不但可以拉近人与人之间的距离，更能够打开一个人的心扉。可是，如何才能不露痕迹地将那些赞美的话送给对方呢？在交谈过程中，你总不能一个劲地夸奖"你真棒""你真优秀""你们家装修得真漂亮"，在很多时候，需要把赞美的语言说得恰到好处。

有一天，导购员小姐正像往常一样，把公司里新产品的功能、效用告诉顾客，然而顾客并没有表示出多大的兴趣。于是，她立刻闭上嘴巴，开动脑筋，并细心观察。突然，她看到阳台上摆着一盆美丽的盆栽，便说："好漂亮的盆栽啊！平常似乎很难见到。"

顾客来了兴致："你说得没错，这是很罕见的品种，属于吊兰的一种。它真的很美，美在那种优雅的风情。"

"确实如此。但是，它应该不便宜吧？"

"这个宝贝很昂贵的，一盆就要700美元。"

"什么？我的天哪，700美元？那每天都要给它浇水吗？我一直很喜欢盆栽，但对此一窍不通，我能向你请教你是如何培育出这样美丽的盆栽的吗？"

"每天都很细心地养育它……"顾客开始向她倾囊相授所有与吊兰有关的学问，而她也聚精会神地听着。

最后，这位顾客一边打开钱包，一边说道："就算是我的太太，也不会听我嘀嘀咕咕讲这么多的，而你却愿意听我说这么久，甚至还能够理解我的这番话，真的太谢谢你了。如果改天有空，我乐意向你传授种植兰花的经验，希望改天你再来听我谈兰花，好吗？"说着，顾客爽快地买下了产品。

通过向顾客请教关于盆栽的问题，打开了顾客的谈话兴致，而且在交谈过程中，导购员小姐并没有过多地赞美顾客，而是恰到好处地赞美了盆栽，这使顾客的心理得到了极大的满足。说到最后，顾客主动掏钱购买了产品，而且还发出了"希望改天你再来听我谈兰花"的邀请。

女孩言语风趣，增添个性魅力

风趣的语言往往能产生"四两拨千斤"的作用，达到举重若轻的交际效果。尤其是对于女孩来说，风趣的语言表达更具吸引力。在与人交际的过程中，当你看穿了别人的想法但又不便于直说的时候，不妨使用风趣的语言，相信这肯定能达到你所想要的交际效果。风趣的语言表达是女孩成功社交的捷径，也是赢得好感的一种方法。风趣的语言能够帮助女性与他人建立和谐融洽的关系，赢得他人的支持与欣赏。在生活中，一个女孩无论从事什么工作，无论身处何种地位，都免不了与人交往。而风趣的语

言则是交往中的一把金钥匙，不仅能帮助女孩更好地与他人进行有效的沟通，还能大大地增添她们的个人形象魅力。

聪明女孩要想在与人交往时给人留下一个好的印象，就要善于使用风趣的语言，无论处于什么样的交际场合，风趣的语言都是必要的。你要明白，一个面带怒容或神色抑郁的女孩，永远不会比一个面带笑容、说话风趣的人更受欢迎。

有人说："风趣是一种人生态度。"风趣的语言能使紧张的气氛顿时显得轻松活泼，能让他人感到善意，这样表达出的观点更容易被对方所接受。在日常生活中，风趣的语言风格无处不在，它成为人际交往的调节剂。在每年的文艺晚会上，相声小品之所以一直是观众最喜欢的节目之一，就在于它的表现形式离不开风趣的语言，那风趣的语言风格强烈地感染着观众的心。风趣本身就具有一种特性，一种令人愉悦的特性，一旦女孩拥有了这样的特性，就会变成最受欢迎的女孩。

张小姐借用朋友的豪华别墅庭园办了一场派对，活动即将开始时，助理焦急自责地跑来跟他说："苹果不知道什么时候掉了一袋，剩下的可能不太够用，这里又离市区那么远，怎么办？"张小姐没斥责她，仅轻声地问："有没有哪一种东西准备得多一点？"助理说："小点心准备得很多，应该还会有剩下。"

张小姐拍了拍助理的肩膀，安慰她说："没关系，有我呢！"宴会开始了，大家都看到前头的苹果盘前放了一个小牌子，上面写着："上帝正在看着你，请别拿太多了！"大家不禁莞尔一笑，走到后头又看到放小点心的盘子前也立了一个牌子，上面写："不要客气，要多少拿多少，上帝正忙着注意前面的苹果呢！"来宾们都呵呵笑了，结果在这场派对上宾主都尽兴无比。

一句得体的俏皮话，会让你和对方之间的心灵距离缩短，并获得好感；几句对付难题的机智回答，会让你摆脱困境，并体现美好的自我形象，获得对方的赞美。当然，如此的语言风格不仅需要风趣，更需要得体，这样才能更好地表达出语言的效果。

一位女钢琴家有一次在美国迈阿密州的福林特城演奏时，发现到场的观众不到五成。这让她既失望，又尴尬。但她并未因此就取消演奏，而是以幽默的语言打破了僵局。女钢琴家微笑着走上舞台，对前来的观众说："我想这个城市的人一定很有钱，因为我看到你们每个人都买了两三张票。"话音一落，大厅里立即充满了笑声。

这位女钢琴家对空座位原因的解释虽然荒诞，但却很奇妙。如此风趣的语言表达让观众少了沮丧，多了喜悦。有时候，说话荒诞一些，风趣意味也就会更强一些。在日常交际中，我们可以通过场景来发挥风趣语言的表达技巧，戏谑是一种无攻击性的语言表达技巧，目的就是为了增加你与对方的亲切感。

一个女孩，可以不漂亮，可以不可爱，可以不时尚，但必须要懂得风趣。如此，你才能融入更多人的视野中，被更多的人所熟知，所欣赏。女孩风趣的语言最具吸引力，与这样的女孩交谈，无论多久，你都会感觉时间过得好快，因为你在交谈过程中感受到了前所未有的愉悦。

礼多人不怪，常用敬语很有必要

许多女孩善于言谈，却不是那么会说话，给人的感觉总是很别扭，使人远远避之而唯恐不及，究其原因，就在于她们说话时少了礼貌的措辞。其实，在日常生活中，说话有礼貌是十分有必要的，它是一个女孩有素质的直接体现，也是能够赢得他人尊重的先决条件。有的女孩说话不礼貌，这样不仅会令人厌烦，而且最终只能导致她与别人沟通失败。尊重别人就是尊重自己，无论我们在社会上扮演什么角色，有着什么样的身份，礼貌是一直维持人际关系积极发展的因素。一个说话有礼貌的女孩走到哪里都会受欢迎，而一个习惯于出言不逊的女孩，怎么样都得不到别人的喜欢。

有一天，小娜来找章教授，要章教授做她校外的论文评阅人。小娜一进门，见章教授的屋里坐了好几位老师，好像在商讨什么问题。

她也搞不清哪位是章教授，就张口问道："谁是章炳山呀？"章教授听到小娜直呼自己的名字，脸色微微一变，几位老师也面面相觑。不过，章教授还是很有礼貌地对她说："我就是，找我有什么事吗？"小娜大大咧咧地说："噢，你就是章炳山呀，我可早就听说过你了，我是某某教授的学生，我的论文你就给我看一下吧！"章教授到底是有涵养的人，虽然看到小娜说话没有礼貌，也不过随口说道："那你就放那里吧！"

小娜就把自己的论文往章教授的桌子上一扔，对章教授说："你快点看呀！后天我们要论文答辩，你可别耽误我的事！"章教授这么有涵养的人也忍受不了了，火气顿时上来，他对小娜说："这位同学请留步。请问一下是谁找谁办事呀？你的论文拿走，我没有时间给你看！"

一向很有涵养的章教授怎么会忍不住生气了呢？原因就在于小娜说话不懂礼貌。面对章教授，小娜应该使用敬语，礼貌地称呼"章教授"，而不是直呼其名。另外，小娜话语中透露出目中无人的不礼貌态度，这更让章教授生气。其实，无论是求人办事还是普通的交谈，我们都需要用礼貌的措辞，如果小娜说话能够礼貌一点，那么章教授一定不会为难她，肯定会乐意帮忙的。

那么，如何才能礼貌地与人交谈呢？

首先，我们要养成使用敬语、谦词、雅语的习惯。敬语也就是敬辞，表示尊敬礼貌的词语。我们常用的敬语"请"，第二人称"您"，代词"阁下""尊夫人"等。谦词是向人表示谦恭和自谦的一种语言，比如称自己为"愚""家父"等。雅语是指一些比较文雅的语言，比如你端茶招待客人，应该说"请用茶"。

其次，要使用礼节性语言。语言的礼节就是寒暄，有一些最常见的礼节语言惯用形式，比如，问候语"您好"，告别语"再见"，致谢语"谢谢"，致歉语"对不起"，回敬语"没关系""不要紧"和"不碍事"

等。另外，在平时生活中，我们习惯这样打招呼"你吃饭了吗""你到哪里去"，这样的日常用语显得有点单调乏味，也缺乏应有的礼貌。这时候，我们应该丰富自己的礼貌用语，比如"早安，你好吗""请代问全家好"等。

最后，应该使用敬语，远离粗俗的语言。因为语言本是思想的衣裳，它可以直接表现出一个人的高雅或粗俗。同时，语言交流是一种心灵沟通，要想使彼此之间的沟通畅通无阻，就应该得体地运用礼貌措辞，这样才会让对方感到"良言一句"的温暖，使自己与他人之间的感情很快融洽起来。

第 7 章

情绪修养：快乐随行，好心情让女孩幸福一生

我们都知道，人生不仅仅在追求意义，更重要的是追求快乐。快乐是一种感觉，能够使心灵得到满足，使灵魂得到慰藉。得到快乐的方法数不胜数，但真正的根源之一在于提升自己的情绪修养，这也是女孩倾其一生都需要学习的内容，然而，好的情绪修养不是天生就有的，而是可以通过后天有意识地培养、修炼获得的，本章将全方位地为女孩们提供控制情绪的方法。女孩只有善于控制自己的情绪，赶走自己的坏情绪，才能找到自信的源泉，走向成功的彼岸，才能找到开启快乐的钥匙，拥有幸福快乐的人生。

摒弃烦恼，女孩要学会控制情绪

哲人说："人生就像一朵鲜花，有时开，有时败，有时候面带微笑，有时候却低头不语。"其实，人生就是这样，时而笑，时而哭。或许，已经发生的事情本身是我们无法改变的，但我们依然可以选择好的情绪。不管事情多么恶劣，要学会调节自己的情绪。一旦情绪最佳的时候，你会发现，事情远没有想象中的那么糟糕，而我们所遭遇的那些根本算不了什么。人生，注定就是一条充满曲折、困难的路，烦恼无所不在。但是面对这样一些事情，如果我们能够尝试着打开心灵的另一扇窗户，以一种积极、乐观的心态去面对，你会发现，所谓的烦恼根本不存在。人生依然无限美好，问题的出现并不能左右我们的好情绪。

有人这样抱怨："这天老是下雨，还要不要人活啊，今天出门的计划又泡汤了。"而在街头的另一处风景中，一位少女正撑着雨伞散步，在雨水中快乐地奔跑。我们发现，"下雨"这个事实并没有改变，所改变的不过是不同人的心情。像天气预报一样，情绪也有晴雨表。而我们所需要做的就是努力抑制不良的情绪，将情绪调节到最佳状态，如此，才能成为情绪的真正主人。

每一件事情有不同的角度，遗憾的是我们经常只看到事情的弊端，而没有看到事情美好的一面，以至于常常使自己的情绪陷入低谷之中。其实，如果我们换一个角度看问题，就会发现事情本来就是美好的，而我们

只是忽视了那些潜在的美好。所以在生活中，多个角度看问题，随时调节自己的心情，便能使情绪达到最佳状态。

杯子里有半杯酒，一个酒鬼来了，看见后摇了摇头，十分沮丧："唉，只有半杯酒。"一会儿，又来了一个酒鬼，看到半杯酒兴奋地说："太好了，还有半杯酒。"杯子里依然是半杯酒，但是，因为心境不同，情绪自然大有不同。实际上，每个人的心中都有一份情绪晴雨表，只是，情绪不好时我们常常只看见阴郁的雨天，而忘记了另一方晴朗的天空，于是，我们不由自主地以悲观、消极的心态来面对生活。如此一来，那些本来看起来十分细小的事情，也会让我们火气大发，甚至阴郁的心情会蔓延开来，逐渐影响我们身边的人。心情与生活一样，是可以选择的，即使事情变得十分糟糕，我们依然可以选择以快乐的心情面对。这样，我们既能看清楚事情的真实情况，而且积极乐观的心态也可助我们更好地解决问题。

那么，在生活中，我们该如何调节情绪，使自己的情绪达到最佳状态呢？

首先，我们应该学一学阿Q精神。有心理学家研究了阿Q的行为特点，并表示"阿Q精神胜利法实际上是一种自我心理调节，对人们调节心理或情绪十分有帮助"。在这里，我们所获取的是阿Q精神胜利法的积极面，比如，遇见令人生气的事情时幽默一笑，不仅快乐了自己，而且将快乐带给了别人。这样看来，阿Q并不是要贫嘴，而是玩魔术，他所制造并享受到的快乐，实际上比那些所谓的有钱人多得多。

其次，我们应该多想一些开心的事情，多笑笑。虽然生活中不乏烦恼，但快乐也是常在的，我们所需要做的就是忘记那些烦恼的事情，多想一些快乐的事情，这样，情绪在不知不觉间就变好了。而且，长此以往，可以随时将自己的情绪调节到最快乐的状态。

最后，敞开自己的心扉，多与亲朋好友交流。如果心里有了烦恼而又无处诉说，那恶劣的情绪就越来越严重。对此，需要我们敞开心扉，与朋友或亲人多交流，吐出心中的不快，发泄心里的怨气，这样，糟糕的情绪就会随之消失。

马克·吐温说："世界上最奇怪的事情是，小小的烦恼，只要一开头就会渐渐地变成比原来厉害无数倍的烦恼。"在生活中，如果我们在意那些小小的烦恼，那么它们就有可能成为坏情绪的源头，这样一来就会形成一种恶性循环，一发不可收拾。相反，如果我们根本不在乎，或者努力调节情绪，那么，小小的烦恼就会自动消失，而我们的情绪则可以达到最佳状态。

防止他人坏情绪的传染

著名作家大仲马说："你要控制自己的情绪，否则你的情绪便会控制你。"其实，情绪是可以互相感染的，尤其是坏情绪，它就像传染病一样，四处流窜，稍有不慎就有可能被感染。对此，耶鲁大学组织行为教授巴萨德说："有四分之一的上班族会经常生气。"有的人之所以会生气，是因为受不了身边人坏情绪的影响，这就是情绪的"传染"。对于那些流窜在我们身边的"坏情绪"，千万小心，不要被传染。

美国洛杉矶大学医学院的心理学家加利·斯梅尔经过长时间的研究发现：原来心情舒畅、开朗的人，若与一个整天愁眉苦脸、抑郁难解的人相处，不久也会变得情绪沮丧起来。而且，一个人的敏感性和同情心越强，越容易感染上坏情绪，坏情绪的传染过程是在不知不觉间完成的。例如，在家庭中，丈夫的情绪低落，那么妻子就很容易出现情绪问题。坏情绪传染的时间之短令人惊叹：美国密西根大学心理学教授詹姆斯·科因的研究证明，只要20分钟，一个人就可以受到他人低落情绪的传染。对此，要想拥有一份好情绪，就应该对自己做好保护措施，不被他人带"坏"，努力保持良好的情绪。

有个小男孩心情不好，看见路边有一条小狗，便一脚狠狠踢过去，吓得小狗狼狈逃窜。小狗无端受了惊吓，这时，它见到了一个西装革履的老板，心中冤屈的它便汪汪狂吠；心情不好的老板在公司里对着他的女秘书大发雷霆；女秘书回家后把怨气一股脑儿撒给了莫名其妙的丈夫。第二天，这位身为教师的丈夫如法炮制，对自己一个不长进的学生一顿臭批；挨了训的学生，也就是在这之前所说的那个小男孩儿就怀着很糟糕的心情回家了，在回家的路上又碰到了那条小狗，于是他二话不说，又是一脚踢向了那条狗……

"情绪链"也就是我们常说的"情绪感染"，它是指一个人的坏心情很容易影响几个人的好心情的连锁反应。上面这个故事就是一个最典型的例子，那么，如何才能防止情绪感染呢？作为女孩，应加强自己品格和心情的修养，多一些理性，克服自己情绪化的特点。在任何时候，都需要清醒地认识到，不要为一些小事生气，这样是很不值得的。

聪明的女孩会紧紧地握住自己快乐的钥匙，她们不期待别人给自己带来快乐，反而会将自己的那份快乐带给别人，她们才是情绪真正的主人。其实，在我们每个人的心中都有一把控制情绪的钥匙，但是大多数人却不知不觉地将这种钥匙交给了别人掌管。掌控不了自己的情绪，情绪则成了我们的主人，那么在任何时候，我们的言行都会被情绪牵着走。最后，情绪不仅成了我们成功路上的绊脚石，而且它将给我们的生活带来诸多麻烦。

有一次，哈里斯和朋友去买报纸，交完了钱，那位朋友礼貌地对卖报人说了声谢谢，但卖报人态度冷漠，没有一句客套话。在回家的路上，哈里斯问道："那家伙态度很差，是不是？"朋友似乎并不生气，漫不经心地回答："是啊，他每次都这样。"哈里斯有点疑惑地问道："那你为什么还对他那么客气？"朋友微微笑了一下，回答说："我为什么要让他决定我的行为？"

哈里斯并没有因为卖报人的不礼貌而生气，没有让别人左右自己的情绪，而是自己掌控情绪。就如哈里斯所说"为什么要让他决定我的行为"，别人生气是别人的事情，我们只需要掌控好自己的情绪就可以了。千万不要被坏情绪传染，看见别人生气，忍不住自己也生气，最后，你就成了坏情绪的传染对象。

该如何避免被坏情绪传染呢？

1.离开或避开对方

如果你身边的人情绪很糟糕，那么，这时他的一个眼神、一句话都有可能会勾起你心中的怒火。因此，还是先避开为妙。

2.转移注意力

如果周围有人在生气，你不妨做一些事情来转移自己的注意力。例如，看报纸、看电视、唱首歌、洗个澡，做一些相对来说轻松的事情，这样，你就会发现自己的好心情一点也不会被影响。

过分的嫉妒只会束缚自己

有人说："女孩是天生的嫉妒狂。"其实，说到女孩妒忌的理由却是很可笑：别人的身材比自己的好，别人的衣服比自己的贵，别人的老公比自己的强，别人的工资待遇比自己好……实际上，妒忌的情绪是对女孩最可笑的惩罚。女孩一旦产生妒忌的情绪就会连她最好的朋友也不放过，往往表现在对朋友的不理不睬，甚至背后说朋友的坏话陷害朋友。几乎可以说，女孩的妒忌心无处不在。其实，过分的妒忌心反而会束缚自己，最后还有可能让自己落得自欺欺人的下场。

妒忌心，大概与利益相关，也有可能与个人的涵养有关。对于女孩来说，站在同性的面前，就有了争夺利益的机会，这时候妒忌心就派上了用场。女孩最在意的是自己的容貌、气质和魅力，而这为妒忌心的产生创造了机会。这时，如果有异性的介入，那更会激发出女孩心底里的妒忌情

绪。当她们认为自己的魅力可以影响到他人的时候，一旦事与愿违，女孩们就会暗自幽怨，心生不安，这就是妒忌。当然，深陷妒忌的女孩是痛苦的，每天都会在自我折磨或折磨他人中度过，就好比吸毒，无限痛苦，却无可自拔。女孩的妒忌是可笑的，因妒忌所带来的痛苦则是对她们的惩罚。

在《三国演义》里，有一段众人皆知的"诸葛亮三气周瑜"的故事：

赤壁之战结束后，孙刘两家均欲取荆襄之地，如此一来，才能全据长江之险，与曹操抗衡。刘备屯兵在油江口，周瑜知道刘备有夺取荆州的意思，便亲自赶赴油江与刘备谈判。谈判之前，刘备心中忧虑，孔明宽慰说："尽着周瑜去厮杀，早晚教主公在南郡城中高坐。"后来，周瑜在攻打南郡时付出了惨重的代价，不仅吃了败仗，自己还身中毒箭，不过，周瑜还是将曹仁击败。可是，当周瑜来到南郡城下，却发现城池已经被孔明袭取，周瑜心中十分生气："不杀诸葛村夫，怎息我心中怨气！"

周瑜一直想夺回荆州，先后与刘备谈判多次均无好的结果，这时，刘备夫人去世。周瑜便鼓动孙权用嫁妹之计将刘备诱往东吴而谋杀之，继而夺取荆州。没想到此计又被诸葛亮识破，将计就计让刘备与吴侯之妹成了亲。到了年终，刘备以孔明之计携夫人几经周折离开东吴，周瑜亲自带兵追赶，却被云长、黄忠、魏延等将追得无路可走。顿时，蜀军齐声大喊："周郎妙计安天下，赔了夫人又折兵！"这次，周瑜气得差点昏厥过去。

过了一段时间，周瑜被任命为南郡太守，为了夺取荆州，周瑜设下了"假途灭虢"之计，名为替刘备收川，其实是夺荆州，不想却再次被孔明识破。周瑜上岸后不久，就有大陆人马杀过来，言道"活捉周瑜"，周瑜气得箭疮再次迸裂，昏沉将死，临死前还长叹："既生瑜，何生亮！"

莎士比亚曾说："您要留心嫉妒啊，那是一个绿眼的妖魔！"周瑜本聪明过人，才智超群，但却心胸狭隘，对于比自己技高一筹的诸葛亮耿耿于怀，心生妒忌，最终落得个气绝身亡，怀恨而死。妒忌是一种心理病态，宛如毒药，周瑜被妒忌的心态所缠绕，最后，自饮毒酒。他因妒忌而死，或许，这就是妒忌带给他的惩罚吧！试想，如果周瑜能够心胸开阔，对自己充满自信，他也不会英年早逝。

在东南亚一带，流传着这样一个故事：

有一个好妒忌的妇人遇到了上帝，上帝对她说："从现在起，我可以满足你任何一天的愿望，但前提是你的邻居会同时得到双份的回报。"妇人高兴不已，但是，她仔细一想：如果我要得到一份田产，邻居就会得到两份田产；如果我要得到一箱金子，邻居就会得到两箱金子；更要命的是如果我得到一个优秀的丈夫，那个看来一辈子打光棍的丑邻居就会同时得到两个优秀的丈夫。她想来想去，不知道提出什么要求才好，她实在不甘心让邻居占了便宜。最后，她一咬牙："哎！你挖掉我一只眼睛吧！"

泰戈尔说："孤独的花儿，不要嫉妒繁密的刺儿。"如果人们陷入妒忌的心理中，那么，生活中所有美好的东西都将变成妒忌的陪葬品。由于狭隘、自私而产生的妒忌是消极的，在比较心理下，妒忌心会成为我们前进的绊脚石，使我们陷入痛苦的深渊无法自拔。其实，人生有得必有失，幸福和快乐是不可比较的，因为它没有止境，也没有具体的标准。如果你总是纠结于比较，那么，你永远都是吃亏的那一个。因为你在比较时常常会忽略自己的幸福。我们应该懂得这样一个道理：比上不足，比下有余。

古人曰："欲无后悔须律己，各有前程莫妒人。"好妒忌的女孩自私而狭隘，她们往往自大，总想高人一等，容不下比自己强的人，看到周围的人超过了自己，要么设法贬低对方，要么陷害对方。那我们如何才能冲出妒忌的黑网呢？对此，我们应该正确认识自己，正视自己与他人之间存在的差距，认识到与其妒忌别人，不如学习对方的长处，这样，思想解脱了，心灵才会从妒忌的黑网中解脱出来。所以，学会正视自己，扬长避短，努力冲破妒忌的黑网，重新走向豁达广阔的天地。

丢掉悲伤，快乐生活

朋友这样说："每一个人都在寻找快乐，而只有一个方法能保证你找到它，那就是微笑，人生，不一定每天都能得到快乐，如果碰到了烦恼的事情，记得给自己一个微笑；碰到了令自己生气的事情，也给自己一个微笑。微笑，可以让你产生一种豁达的心态。"在生活中，我们可以在微笑中忘记悲伤，并用微笑面对接下来的人生。悲伤的时候，需要给自己一个微笑，用轻松的心态去面对一个挫折；生气的时候，需要给自己一个微笑，用乐观的心态去战胜内心的不良情绪。把悲伤丢掉，学会微笑，其实是一种积极的心理暗示，暗示自己积极地面对生活。

古人云："人生不如意之事十之八九。"在日常生活中，我们总是避免不了一些悲伤的事情，虽然我们无法改变事情的好坏，但我们却可以改变心情，不管遇到什么事，都要学会对生活微笑。微笑是一种愉悦的表情，虽然每个人都有情感的自然表露，但是，微笑面对生活却不是每个人都能做到的。在人生道路上，既有坦途，也有坎坷荆棘，人们在失败时容易消沉低迷，忘记微笑是什么；在生气愤怒时容易歇斯底里，忘记微笑是什么。悲伤了给自己一个微笑，生气了给自己一个微笑，以平常心来面对生活中的那些悲伤与烦恼，你会发现生活其实很美好。

伟大的发明家爱迪生的工厂曾经失火，近百万美元的设备瞬间化为了乌有，爱迪生听到消息后立即赶到了火灾现场。

旁边的员工们认为他看到这一片废墟，一定十分生气。谁知爱迪生表现得十分镇静，甚至还笑着说："这场大火烧得好哇，把我们所有的错误都烧光了，现在可以重新开始了。"生活就如同一面镜子，你对它哭它就哭，你对它笑它就笑。对生活微笑，我们将收获一份乐观的心态，而这样的心态将帮助我们战胜一切不良的情绪。

在某电视台，一位著名的主持人这样告诉人们他的成功秘诀："我以前不过是工厂里的一名小职员，这辈子之所以能走到今天，是源于自己的一个小秘诀，每次发生糟糕的事情，我总是安慰自己：悲伤会过去的，一切都会好的，微笑面对下一秒的生活。"其实，主持人所说的秘诀相当于一种自我暗示。在一部经典的苏联电影里，警卫员瓦西里坚定地告诉妻子："面包会有的，牛奶也会有的，一切都会有的。"这其实也是一种心理暗示，积极的心理暗示可以让我们摆脱坏心情的枷锁，重新找回久违的快乐。

1998年7月21日晚，在纽约友好运动会上意外受伤后，默默无闻的、年仅17岁的中国体操队队员桑兰成为全世界最受关注的人。那确实是一个意外，当时，桑兰正在进行跳马比赛的赛前热身，在她起跳的那一瞬间，由于外队教练的一个"探头"动作干扰了她，导致她动作变形，整个人从高空栽倒在地上，而且是头着地。个性温顺的桑兰在遭受到如此重大的打击后却表现得相当乐观："我会忘记这件事带给我的悲伤，我相信一切都会好起来的。"说着，她笑了。她的主治医生说："桑兰表现得十分勇敢，她从来不会悲伤，每天都会露出最甜美的笑容，对她我能找到的词语是'勇气'和'乐观'。"

"忘记悲伤，用微笑面对下一刻"成为桑兰的座右铭，同时也铸就了她坚强、乐观的性格。美国人称她是"伟大的中国人民光辉形象"，她在美国住院的日子里，许多美国民众都会去看她，并不只是因为她受伤了，而是被她的精神所感染。是的，悲伤会过去，一切都会好起来的，在这样的信念下，桑兰逐渐好了起来，直到今天，她依然没有离开世界人民的视线。

悲伤的情绪将会影响我们大脑的正常思考，麻痹我们的神经，使我们变得越来越堕落。如果任由这样的状态下去，不仅做不好任何事情，反而会把自己推向深渊。但是，一份平和的情绪，将有助于我们寻找到解决问题的一切办法。即使是安慰自己、欺骗自己，但我们能有希望解决问题，这才是行之有效的办法。那么，在生气或悲伤的时候，试着对自己说：忘记悲伤，学会微笑，一切都会好起来的。在这样乐观的心态下，或许，一切事情真的会好起来。

聪明女孩莫生气，生气就是自毁美丽

女孩本身是美丽的，不过，生气的女孩却不美丽，非但不美丽，而且会变得丑陋。简单地说，生气的女孩是在自毁美丽。佛说：烦由心生。在生活中，我们不过一介凡夫俗子，有什么值得生气的呢？一个女孩在生气时或许会有这样或那样的理由：受到了不公正的待遇而生气，受到了他人的辱骂而生气，受到了朋友的欺骗而生气。女孩喜欢生气，她们有各种各样的理由生气，殊不知，在很多时候，她们只是"拿别人的错误来惩罚自己"，本来犯错的不是自己，又何必要生出那么多的气来呢？而且，生气并不是一件皆大欢喜的事情，既有损自己的美丽，又会伤害到亲人或朋友。所以，做一个美丽的女孩，你需要与生气绝缘，努力为生活增添一些阳光雨露，不要生气，因为生气的天空是看不见美丽的彩虹的。

或许，女孩都不知道这样一句话：生气的样子其实很难看。如果你对此有所怀疑，那不妨在某次生气时照照镜子，你会看见一个丑陋的自己：脸红脖子粗，眼睛里充满了怨恨，语无伦次。原本那张美丽的笑脸不见了，取而代之的是一张自怨自艾的脸。人们常说的"苦瓜脸"最能代表生气时的脸。试想，一张苦瓜脸美丽吗？毫无半点美丽可言。所以，女孩在生气的同时，其实也毁掉了自己那优雅从容的美丽。一个女孩在生气的时候，张牙舞爪，满口秽语，活脱脱一个泼妇，令人看了生厌。美丽的女孩，她的情绪也是美丽的，她不会轻易生气，即使心中有了怨气，也会找合适的渠道发泄出去，而不会伤害到无辜之人。没有人会喜欢一个经常生气的女孩，也没有人会觉得生气的女孩美丽，看见那些生气的女孩，他们只会觉得厌烦，心生厌恶，唯恐避之而不及。

从前，有一个美丽的女孩，她心胸狭隘，总是为一些小事生气，每一次生气，她都没有办法控制自己。时间一长，她的脾气变得越来越坏，而且，她发现自己的样子变得丑陋了。看着镜子中那丑陋的自己，她摔碎了所有的镜子，但还是改变不了那日益丑陋的面貌。

于是，她向一位大师求救，见到大师，她把自己的苦恼一股脑儿全倒出来。大师听了，一句话没说，把她带到了一间镶满镜子的屋子里，然后把大门锁了。女孩气得破口大骂，可就在她开口骂人的时候，发现屋里全是自己那张因生气而涨红的脸，丑陋无比。一瞬间，她呆住了，也停止了咒骂。

这时，大师来到了门外，问道："你还生气吗？"女孩回答说："我生气的是我自己，我真是瞎了眼，怎么会到你这种地方来受罪。"大师眼睛看着远处，说道："连自己都不原谅的人怎么能变得美丽呢？"说完，拂袖而去。过了一会儿，大师又来了，问道："还生气吗？"女孩回答说："不生气了。"大师追问："为什么？"女孩无奈地回答："越是生气，美丽就离我越远，我已经明白了这个道理，生气的女孩无疑是自毁美丽。"大师点点头，说："美丽来自于平和的心态，而非狭隘的心理，你所需要的就是放开心胸，这样，美丽才会重新回到你身上。"

果然，那位女孩自从大师那里告别后，脾气变得好了起来，遇到那些小事情她也不生气了，而是以平和的心态来面对。某一天，等到她再打开家里那面尘封许久的镜子时，她发现自己变美了，于是，她开心地笑了。

生气的女孩，她所毁掉的不仅是自己外在的美丽，还有言行、修养的美丽。一个美丽的女孩，她应该有高雅的谈吐，优雅的行为，而生气的女孩满口秽语，行为也变得粗鲁，无论是外在还是内在，她们都失去了美丽。而且，在大多数时候，生气并不能真正地解决问题。所以，对于美丽的女孩来说，生气是一件不值得的事情。试想，既然生气会让自己变得丑陋，也不能解决问题，那何不尝试怀着一份愉快的心情来面对呢？

王女士在一家外企公司工作，经过几年的打拼，她在公司担任了重要职务。可是，前不久公司部门新来了一位年轻的同事小娜，小娜浑身洋溢

着活力和干劲，并在很短的时间内得到了公司上下的肯定。王女士逐渐感觉到老板总是有意无意地在王女士面前提到小娜的能力，这让王女士的心情一度低落，同时，心里还憋着一肚子怨气。在这样的情绪状态下，王女士整天不能全心工作，有时候，由于心里焦虑过度，还会在工作中犯些小错误。

或许，是因为工作上的不顺心，王女士的身体状况也出现了问题。在最近的一段时间里，王女士总感觉到自己的右侧乳房胀痛，前两天用手一摸还有肿块。在医院，医生为王女士做了相关检查，经过检查得知，原来她患了乳腺小叶增生。王女士感到十分苦闷。无奈之下，王女士向主治医生倾诉了自己的烦恼，没想到，医生只是奉劝一句："首先，你莫要生气，这样对你的病情才会有帮助。"

王女士百思不得其解，这病怎么会跟生气有关呢？医生对此做了详细解释："其实，引起这种疾病的原因很多，但主要是内分泌失调或精神情绪不佳引起的，其中，情绪不稳定、精神紧张、喜欢生气是一个很重要的原因。当你的情绪总是处于怒、愁、忧等不良情绪状态时，就会导致乳腺小叶增生。"王女士明白了，又向医生询问："可是，我该怎么办呢？"医生建议："保持心情舒畅、乐观是最好的办法。你要学会自我调节、缓解心理压力，消除各种不良情绪；要学会宣泄，不要将气郁积在心里。可以向家人、朋友倾诉，以排解心理压力。"

生气对于女孩健康的身体来说是一种危害。古人曰："百病之生于气也。"常言道"怒伤肝，忧伤肺"，那些郁积在心中的不愉快情绪使内脏活动紊乱、内分泌系统失常，胃口不佳、消化不良，而且，长时间的烦闷还会导致血压升高，甚至导致冠心病。另外，从心理学上说，生气是一种不愉快的情感体验，它是一种消极的，甚至会破坏正常的情绪。一个人若是情绪恶劣，其记忆力将会减退，思维能力也会受影响，同时，喜欢生气还会影响一个人的正常人际交往。

克制愤怒，找到最佳的释放方式

一位研究情绪的心理学家曾这样告诉人们："愤怒是一种最具破坏性的情绪，它所给人们带来的负面影响可能远远超过我们的想象。"无疑，愤怒的情绪对于我们的生活来说，就犹如一颗定时炸弹，一旦爆发将严重影响我们的正常生活，使生活失去原本平和的美丽。一个人在愤怒的时候，他的所作所为都是没有经过大脑思考的、冲动之下的行为，虽然怒气发泄的那一瞬间是顺畅的，但是过后却需要我们为自己埋单。有人说："一个人在愤怒时就像是在喝酒一样，一旦喝下了第一杯，就会一杯接着一杯喝下去，最后越喝越醉。于是，那些容易生气的人愚蠢地陷入了愤怒的情绪里难以摆脱，最终，只会被愤怒的情绪所吞噬。"而对于我们来说，需要克制内心的愤怒，对于心中的怨气，我们可以尝试着换一种方式去释放。

我们应该如何克制心中的愤怒？主要在于学会冷静思考，使自己在怒气来临时变得平和，这样，才能有效地避免盲目冲动。如何才能做到冷静思考呢？对此，爱德华·贝德福这样说道："每当我克制不住自己冲动的情绪，想要对某人发火的时候，我就强迫自己坐下来，拿出纸和笔，写出那人的好处。每当我完成这个清单时，内心冲动的情绪也就消失了，我能够正确看待这些问题了。这样的做法成为我工作的习惯，在很多次，它都让我控制住了心中的怒火，逐渐地我意识到，如果当初我不顾后果地去发火，那会使我付出惨重的代价。"贝德福有这样的习惯，其实是得益于他早年所经历的一件事。

十几年前，美国最著名的石油公司，有一位高级主管做出了一个错误的决策，而这个决策使整个公司亏损了两百多万美元。当时，洛克菲勒是这家石油公司的老总，而爱德华·贝德福则是这家石油公司的合伙人。事情发生之后，爱德华·贝德福并没有前往石油公司，但是他从侧面了解到，在公司遭到巨大经济损失后，那位主要责任人却一直在躲避洛克菲

勒，企图躲过一劫。爱德华·贝德福感到事情不好处理，怀着对那位主管的责难心情，他走进了洛克菲勒的办公室。

一进门，便看见洛克菲勒在一张纸上写着什么，或许是听到了爱德华·贝德福的脚步声，洛克菲勒抬起头，向他打招呼："哦，是你？我想你已经知道我们公司的损失了，我思考了很久，但是，在叫那个高级主管来讨论这件事情之前，我做了一些统计。" 爱德华·贝德福点点头，心想，应该计算一下那位主管所造成的经济损失，这样才有说服力。爱德华·贝德福走了过去，看了看那张纸，顿时，他惊呆了，那张纸上居然写着那位高级主管的一系列优点，其中，还包括那位主管曾三次为公司做出过正确的决策。洛克菲勒在后面备注了这样一句话："他为公司赢得的利润远远超过了这次损失。"

看完了洛克菲勒所写的那些，爱德华·贝德福感到十分不解，向他质问道："难道你打算原谅那位让公司损失两百多万美元的家伙？难道你对此不感到生气吗？"洛克菲勒并没有理会爱德华·贝德福夹杂在话里的怒气，他笑着回答："难道你觉得这样不合适吗？听到公司损失的消息之后，我比你更生气，当时就决定解雇这位主管，但是，当我平静下来以后，发现事情并没有如此糟糕，经济上的损失可以通过下次再补救回来，而失去优秀员工则是不可挽回的。"因此，那位主管最后并没有受到任何责备，爱德华·贝德福心中的怒气也消失得一干二净。

这件事情对爱德华·贝德福的影响非常大，以至于后来他在回忆这件事情的时候，还忍不住发出了这样的感慨："我永远忘不了洛克菲勒处理这件事的态度，它影响了我以后的生活，我不再轻易生气，而是学会了冷静思考，换一种方式来释放我心中的怒火。"这一点并不假，所有贝德福下属的员工都可以作证。

从前，古希腊有一位名叫斯巴达的人，他有一个很特别的习惯：每次生气或与别人争吵的时候，他都会以很快的速度跑回家，然后绕着自己的房子和土地跑三圈，跑完以后就坐在田边喘气。许多人对他这样的习惯很不理解，每次都好奇地问他这是为什么，他总是微笑着不语。

斯巴达是一个勤劳而精明的人，在自己的努力下，他的房子越来越大，土地也越来越广。但不管房子和土地有多大多广，一旦遇到了令他生气的时候，斯巴达依然会绕着自己的房子和土地跑三圈。

慢慢地，斯巴达老了，他的房子变得特别大，土地也变得特别广，不过，这并不影响他那数十年不变的习惯。每当斯巴达生气的时候，他仍然会拄着拐杖艰难地绕着自己的房子和土地走三圈。好不容易走完三圈，太阳已经下山了，而斯巴达则独自坐在田边，一边喘气，一边欣赏着自己的房子和土地。

这时，孙女在斯巴达身边恳求："阿公！您可不可以告诉我？"斯巴达感到不解："告诉你什么呢？"孙女挨着斯巴达坐了下来，说道："请您告诉我，您一生气就要绕着房子和土地跑三圈的秘密。"斯巴达笑着说："年轻的时候，只要一和别人吵架、争论、生气，我就会绕着房子和土地跑三圈，一边跑一边想：房子这么小，土地这么小，我哪有时间去和别人生气呢？一想到这里，我的气就消了，整个人变得平和起来，把所有的时间都用来努力工作。"孙女感到很不解："阿公，可是现在您已经年老了，房子也大了，土地也广了，您已经是最富有的人了，那为什么还要绕着房子和土地跑呢？"斯巴达温和地说："我现在依然会生气，为了克制内心的愤怒情绪，我在生气时还是绕着房子和土地跑三圈，边跑边想：自己的房子这么大了，土地这么多了，又何必要和别人计较呢？一想到这里，我的气也就消了。"

为了克制内心的愤怒，斯巴达绕着房子和土地跑三圈，跑完了气也就消了，再也不生气了。斯巴达看似愚蠢的行为，可谓是智者的行为，同时也是一种有效的发泄怒气的方式。生活中的我们，也常常会因为一些小事情而生气，这时不妨学学斯巴达发泄怒气的方式，在运动中使自己平静下来，将怒气通过合适的途径释放出去，为自己赢得一份好心情。

思维转个弯，让自己换个心情

心情的好坏直接影响着一个人的意志和行为，特别是对于女孩来说，因为有的女孩是全凭心情来做事的。心情好的时候，她们就愿意去做任何事情；心情不好的时候，她们宁愿自己一动也不动，嘴里说着："没有心情。"但在生活中，好心情常常容易被人们忽视，而坏心情却占主导位置来支配人们的行为，于是，人们干什么事情都提不起精神来。一个人如果心情很好，就会十分轻松，连走路都像跳舞似的；如果遇到心情不好的时候，连脚步都是沉重的，看什么都不顺眼。其实，在很多时候，坏心情和好心情是相对而存在的，或许，只要你拐个弯，就能够换一种心情了。

事实上，你的心情当然由你自己来决定，心情的好坏全由你自己来把握。你不能改变事情的结果，不能左右天气的阴晴，不能改变人生的苦难，但是你可以改变你自己的心情。换一种快乐的心情，你看事情的角度就大不一样，你会觉得事情的结果远没有你预想中的那么糟糕；你也会发现外面虽然是沉闷的天气，这时你依然可以愉快地接受；你会发现原来苦难是人生中必不可少的一笔财富。接受一切你自己可以接受的，改变你能改变的。也许在生活中碰到的有些事情会让你的心情变得很差，这时你不妨换一种心情，你会发现事情并没有你想的那么糟糕。学会换一种心情，其实就是换一种生活。

应邀访美的女作家在纽约街头遇到了一位卖花的老太太，这位老太太穿着相当破旧，身休看上去也很虚弱，但是，她脸上满是喜悦。女作家挑了一朵花说："您看起来很高兴。"老太太笑了："为什么不高兴呢？一切都这么美好。"女作家随口说了一句："对于烦恼，您倒看得挺开。"

然而，老太太接下来的回答却令女作家大吃一惊："耶稣在星期五被钉在十字架上的时候，那是全世界最糟糕的一天，可是三天后就是复活节。所以，当我遭到不幸的时候，就会等待三天，三天过后，一切就又恢复正常了。"

"等待三天"何尝不是换一种心情呢？这是一种多么平凡而又充满哲理的生活方式。在我们的人生旅途中，并非都是莺歌燕舞、风和日丽，总会伴随着不幸、烦恼，对那些不幸与痛苦，就让我们在心中划定一个界限，只等待三天。三天之后，拐个弯，你会发现心情一下子就变好了，一切都是那么美好，未来总是充满着希望与幸福。

当你有消极情绪的时候，你就无法用理智的眼光来看待问题，你的思路已经被消极情绪封闭了，你会主观地用消极的态度看问题。消极情绪让你觉得事情已经没有了挽回的余地，于是你变得更加的消沉，黑色就是你的心情。如果你换一种愉悦的心情，那么事情在看正确的思路中得到了清楚的认定，你会觉得事情还是有挽救余地的，并且开始寻找解决问题的办法。其实，换一种愉悦的心情，就是换一种积极向上的生活。

小时候的里根非常乐观，然而，他的弟弟却是个典型的悲观主义者。有一天，爸爸妈妈希望改变悲观的弟弟，于是他们做了一些事情：送给里根一间堆满马粪的屋子，送给弟弟一间放满漂亮玩具的屋子。过了一会儿，爸爸妈妈走进了弟弟的屋子，发现弟弟正坐在角落里哭泣，而大多数的玩具几乎都没有动过。爸爸妈妈询问原因，弟弟哭着说，他不小心弄坏了其中一个小玩具，害怕爸爸妈妈会骂自己，所以他哭了起来。

爸爸妈妈牵着弟弟的手，来到了里根的屋子，打开门，发现里根正兴奋地用一把铲子挖着马粪。里根看到爸爸妈妈来了，高兴地叫道："爸爸，这里有这么多马粪，附近一定会有一匹漂亮的小马，我要把这些马粪清理干净，一会儿小马就来了。"

小时候的里根总是能够给自己换一种心情，使自己变得乐观起来。他做过报童，好莱坞演员，后来成为州长，最后成为美国总统，他是第一位演员出身的美国总统。在这样的成长过程中，或许正是里根那"换一种

心情"的性格铸就了他最后的成功。好心情成为里根成功的助推器。而内心充满希望的乐观者，在拐弯处所看到的却是姹紫嫣红的鲜花，飞舞的蝴蝶，自然而然，在他的眼里到处都是春天。

女孩要学会为自己换一种心情，一种愉悦的、快乐的、舒畅的、轻松的心情。因为一个女孩的心情好了，可以让她看起来年轻好几岁。心情愉悦了，才会露出美丽的笑容；心情快乐了，才会让你感受到生活的美好。当你换了一种好心情，你对生活的态度也会改变，你会保持乐观、积极向上的生活态度，去迎接人生的每一个挑战。

内心强大
淡定优雅

第 8 章

礼仪修养：懂一点礼数，让女孩优雅得恰到好处

中国素来是礼仪之邦。对于一个二十来岁的女孩来说，一切从"礼"，注重自己举手投足的姿态，不但能显示女性的涵养，还能戒掉那些不雅的小动作和习惯。只有在日常生活中的各种场合，注意使用规范的、得体的、稳重的行事风范，才能逐渐改正大大咧咧的不良作风，从而尽显气质女性的优雅形象。

掌握坐、立、行的礼仪，优雅女孩随时保持端庄

一个女孩的举止、动作、表情与其修养和内涵有关，在社交场合中，优雅的仪态可以透露出你良好的礼仪修养。培根曾经说："相貌的美高于色泽的美，而优雅合适的动作美又高于相貌的美，这是美的精华。"一个女孩不仅需要注重自己的外在美，更需要注重自己的举止之美，通过坐、立、行的姿态来体现自己的礼仪修养。一个容貌漂亮的女孩，如果不小心做出粗鲁的举动，那一定会使她的光芒尽失。女孩的举止之美体现了优雅的气质修养，是魅力之源。作为一名现代女性，不可避免地要参加很多社交活动，这时候不仅需要得体的服饰和精致的妆容，还需要举手投足间表现出来的举止之美以及良好的礼仪修养。所谓"礼仪修养"，即"坐有坐相，站有站姿"。在社交场合，女性的礼仪姿态是传递信息的符号，也是表情达意的一种方式，更是辨别雅俗的重要标准之一。

良好的礼仪修养直接体现一个女孩的涵养。在日常交际中，要想赢得他人的好感，需要我们注意自己的行为举止，用自己的优雅形象来打动他人。有的女孩坐立行走皆透露出优雅，这就是她的修养魅力。有修养的女孩懂得在什么场合穿什么衣服，懂得在公开场合优雅地坐立行走，懂得时刻以文明端庄的行为举止来展现自己的魅力。这样的女孩，能在日常交际中游刃有余、应付自如，会成为最受欢迎的人。所以，作为女孩，不要忽略自己的行为举止，无论是站姿还是坐姿，都要有所规范，用自己的礼仪

修养来打动对方，赢得他人的好感。

小娜有一个不太好的习惯：只要一坐下就会跷起二郎腿并且不停地抖脚，而且越抖越厉害，用朋友的话说，如果在桌子上放一杯水，只要她一抖脚，五分钟不到，杯子里一滴水都不会剩下。对此，朋友跟她说了好多次，但小娜总是不以为然。这不，因为这个习惯她吃亏了。

那天，小娜去面试，负责面试的是公司的财务总监。一开始这位总监对小娜特别客气，热情地接待她，还给她倒水。小娜一坐下，老毛病就犯了。总监觉得小娜总是在动，刚开始没怎么注意，仔细一看才发现小娜在抖脚，当时就一皱眉。

总监直言不讳地要求小娜不要抖脚，小娜马上与他理论了起来。总监毫不客气地说："那好，拿好自己的东西，你可以走了。"小娜不甘示弱："走就走，我不稀罕。"说完，就气冲冲地离开了。本来，小娜觉得这次面试是十拿九稳的事情，没想到竟然惹了一肚子气回来。

抖脚这个习惯毁掉了坐姿的优雅，谁见了都会心烦。通常情况下，诸如参加会议或者面试，都需要长时间地坐着。但坐的时间长了，许多人会渐渐地感到不舒服，坐姿会不自觉地发生变化，也会出现一些小动作，诸如跷腿、抖脚。其实，这些不雅的坐姿会给他人留下不好的印象，会让人觉得你不够成熟、不够稳重，缺少一定的礼仪修养。

在现实生活中，站没站相，坐没坐相的女孩其实很吃亏，明明是一个能干的人，但是因为举止不雅观，总是弯着腰歪着脖子，给人以懒散的感觉，所以难以赢得他人的好感，更别说得到他人的认可了。在她们身上，似乎总是出现一种不端正的态度，而这种态度绝不会出现在一个有修养的女孩身上，因为一个有修养的女孩会严格要求自己的一言一行，哪怕是一个最基本的站姿，她也不会马虎了事。

那么，如何才能修炼优雅的坐立行姿态呢？

1.坐姿

优雅的坐姿会向他人传递自信、友好、热情的信息，同时也体现一个人的良好修养。也许，你经常看见有的女孩两腿叉开，脚在地上抖个不停，还把腿翘得很高，这样不雅的坐姿实在让人不敢恭维。优雅的坐姿应该是：在站立的姿态上，后退能够碰到椅子，再轻轻地落座，双膝并拢，腿可以放在中间或者两边。在一些公开的场合，最好不要跷腿，如果穿的裙子较短则要小心盖住。

另外，还需要避免一些不雅的坐姿：坐下时双腿分开过大，无论是大腿分开还是小腿分开，都是极为不雅观的；将双腿直接伸出去，这样会妨碍到别人，也显得姿势不雅观；将双腿放在桌椅上，这样的举动是很粗鲁的；在他人面前不停地抖动或摇晃自己的腿，这样会让人心烦意乱；坐着的时候，用手抚摸小腿或脚，既不卫生也不雅观；将手放在桌下或夹在两腿间、手肘支在桌子上，都是不雅的姿势。

2.站姿

优雅的站姿能够彰显出女孩的气质，一般来说，站姿的基本要求就是挺直、舒展、线条优美、精神焕发。优雅的站姿应该是：把身体的重心放在一条腿上，另一条腿则微曲，两肩放平，腰板挺直。需要避免的站姿：两脚分开太大；两腿交叉站立；两肩不平衡，一个肩高一个肩低；脚在地上不停地画弧线；斜靠在马路旁的栏杆、招牌上；和朋友勾肩搭背地站着。

3.行姿

行姿是站姿的延续动作，与站姿不同的是，行姿有着行走的动态美。当一个女孩摇曳着风姿款款走来，她的行姿风姿绰约，引人入目。走路的正确姿势：抬头、挺胸、收腹，腰背挺直，目光平视前方，双臂自然下垂，手掌心向内，自然地前后摆动。同时需要保持步履轻盈，端庄文雅，显示出温柔之美。

一举一动讲礼仪，展现女孩的优雅

一个女孩若是拥有良好的礼仪修养，我们会用"优雅"来形容她。女孩的优雅是隐藏在她的神态和举止中的，对于一个女孩来说，这样的优雅是必不可少的。如果一个女孩举止粗鲁，那么她再努力地摆出各种神态，也和优雅无关。一个美丽的女孩，如果在举止和神态上没有女孩应有的礼仪修养，那也不能成为优雅女孩。一个优雅的女孩，她懂得把自己的优雅藏在举手投足之间，或者是高贵，或者是蕙质兰心，或者是灵气袭人。她就是站在那里不说话，一动不动，那笑容里也满是优雅。卡耐基认为，一个女孩的举止神态很重要，很多魅力都是从那里显现出来的。一个女孩若是拥有无尽的优雅风情，就会让人不知不觉迷上她。

生活中，经常看到这样的女孩：唾沫四溅地和人聊天，毫无顾虑地高声与陌生人交谈，买东西时因为讨价还价争得面红耳赤。她们可能容颜漂亮，然而一举手、一投足、一颦一笑，却表现得出粗俗至极。这种"金玉其外，败絮其中"的女孩，只会招致别人的厌恶。作为一个活跃于交际场合的女孩，无论是说话还是做事，都希望给人们留下美好而深刻的印象。外在的美固然重要，但优雅的举止才是内在修养的直接表现，也更被人们所看重。这就要求女孩从举手投足等小细节开始锻炼自己，修炼良好的礼仪修养，做一个举止端庄、优雅得体的女孩。

初次见面，就觉得小迪是一个漂亮的瓷娃娃：璞玉般的肌肤，洁白无瑕；长而弯的睫毛，有最美的弧线；清澈无底的大眼睛，似乎在诉说着什么。总之，她的出现，让人感觉眼前一亮，无比清新，这种感觉就像是沉醉在春天的怀抱里。

可是，不知道谁讲了一个笑话，小迪张嘴就笑了起来，毫不掩饰，就连她正在喝的橙汁也不经意飞溅了出来。小迪大笑着，肆无忌惮地露出了那满口的牙齿。似乎她觉得自己笑得还不过瘾，又伏在桌上笑起来，整张桌子都被她的笑声震得一颤一颤的。大家都觉得不可思议，如此漂亮的女孩竟然会是一个举止粗鲁的人。

女孩的优雅在于眉梢，在于眼神，在于嘴角不经意间的微笑，在于忧伤时的蹙眉，做一个有良好礼仪修养的女孩，让你的举止神态变得优雅起来。优雅的女孩或许话语不多，但她们或低头浅浅地一笑，或嘴角轻轻地一努，或眼神迷离地注视，这些就足够展现她们的优雅了。优雅的女孩，连忧伤的时候都是极其迷人的，那蹙眉的神情，任谁看了都会心疼。当然，只有充满自信的女孩，才会大方地展现自己的举止神态，而正是那一颦一笑，尽显优雅。

有这样一个女孩，她说假如有来生，要做两件事：一是成为一名演员，二是嫁给奥利弗。她似乎是一个痴心不改的女孩，对艺术的"痴迷"成就了其伟大演艺生涯，对奥利弗的"痴心"让她穷尽一生。

奥利弗曾这样说道："她是优雅的，即使是她用脏字骂人还是优雅的。"她的美貌本来就不可多见，而上天的眷顾又给了她智慧。有人会说："她如此的貌美，以至于不需要演技；而她的演技又是如此的出色，以至于不需要她的美貌。"她就是一辈子活在优雅之中的伟大女演员费雯丽。

优雅不仅体现在费雯丽的一颦一笑中，更刻在了她的骨子里。费雯丽的优雅是一种令人惊叹的优雅，也许平凡的我们并不会像她一样享誉世界，但我们依然可以让自己变得优雅起来。有时候，优雅并不是像天边的云那样飘离，它其实离我们很近，它就充斥在我们生活的各个角落。当你微笑地站在路边，轻轻地为小朋友捡起地上的玩具，这就是一份优雅；当你坐在办公室，向对面走过的同事投去一个善意的微笑，这就是一份优雅。优雅体现在我们生活的每个细节之中，流露在我们的一举一动、一颦一笑之间。优雅的女孩无论站在哪里，都会是一道靓丽的风景线。

因人制宜，女孩掌握与不同人的交往礼仪

女孩是社交中不可或缺的重要角色，女性进行社交活动，既是一种生活上的需要，同时也是心理上的需要。不可否认的是，社交已经成为女孩生活的一部分，她们可以在社交活动中学到很多的知识，也可以在社交中获得自己的幸福。作为在社交生活中扮演着举足轻重角色的女孩来说，如果能在社交生活中掌握一些礼仪，就能赢得他人的尊重，取得交际的成功。相反，如果不懂得社交的礼仪，纵使学问再高，口才再好，也会处处碰壁，陷入人际交往的危机。这是因为，那些看似简单的社交礼仪，其实才是女孩最不应该忽视的礼仪修养的组成部分。

良好的礼仪修养是女孩立足于世的基础，也是女孩处理人际关系的重要砝码。在不同的交际场合，女孩要学会角色转换，运用不同的礼仪，要得体适度，符合自己的身份，也要符合交际对象的身份。女性在不同的场合所扮演的角色不一样，角色变了，身份变了，女孩的交往技巧、心态都要发生变化。要做到适度，适度指的是你说话的用词、表情、语气恰到好处。另外，女孩要注意细节问题，很多细节上的礼仪是决定女孩形象成败的关键点。比如，一个不雅的吃饭姿势会让对方对你的印象大打折扣，一个不适合严肃场所的配饰会让你在众人面前的形象不伦不类。

每个男人都希望自己的妻子上得厅堂，下得厨房，这所谓的厅堂，就是能在众人面前举止大方，说话得体等，可是小李的妻子却让他在众多同事面前失了颜面。

前不久，小李从小职员晋升到了科长，苦日子可算是熬出头了，于是，他决定在家大摆筵席，邀请自己的同事来庆贺一番。他吩咐妻子买好了菜，让妻子下厨做顿丰盛的晚餐。小李的妻子是个能干的女孩，不到一个小时的工夫，各色的菜就上桌了。这时候，小李招呼同事用餐，小李的妻子也就坐在了小王的旁边，可这一坐，让很多同事瞠目结舌，她居然跷起了二郎腿，下面的举止更是不雅，她吃鸡腿时用手撕拉着鸡肉，还发出很难听的声音，小李看见了大家的神情，就暗示了妻子一下，可是小李妻子丝毫没有领会到丈夫的意思，继续吃自己的。整个晚餐桌上，小李的脸都是阴着的，餐后，他把自己的火气发泄出来，妻子这才意识到自己在餐桌上的失态。

小李妻子一点也没注意到自己的举止，不顾及自己的形象，也让丈夫的颜面尽失。其实，生活中，和小李妻子类似的女孩很多，这种女孩太过直率，做事不经过大脑，更谈不上注意自己的形象和礼仪修养，往往事过之后才知道不顾礼仪的后果，懊恼不已。

作为女孩应该遵循社交生活中的礼仪原则，即真诚、尊重、同情、关怀。真诚是人与人之间交往的基础，也是实现双方心灵交流的一座桥梁，这也是社交礼仪中一个十分重要的原则。只有你付出了真诚，才能让他人感受到你的诚意，也才更容易接纳你。在我们生活中，每一个人都渴望得到别人的尊重，那么首先你就要学会尊重他人，只有互相尊重才会互生敬爱，才会使双方的关系更加和谐融洽。在我们身边的人，并不是每个人都事事如意，当别人处于逆境的时候，你应该诚恳关心对方，用同情心对他进行安慰，为他分担忧愁与痛苦，这会增进彼此之间的情感。

1.与同性交往的礼仪

在我们的日常生活中，会经常与同性交往，其实与同性之间的交往需要特别注重礼仪。但是，女孩天性中的敏感、细腻的特点使得他们在与同性的交往中，逐渐演化成了挑剔、攀比，甚至嫉妒。而这些都很容易破坏同性之间的友谊，使本来比较融洽的关系因为攀比、嫉妒变得疏离。

因此，女孩在与同性相处的时候，需要多想想自己也是女性，在自己身上是否也有一些缺点。当你在对她进行百般挑剔的时候，应该看看自己哪些行为也是不恰当的；当你指责对方推卸责任的时候，想想自己是否在每次事情发生后跑得比谁都快；当你在说对方小心眼的时候，想想自己是否也是凡事斤斤计较的人。另外，当几个女孩扎堆在一起聊天的时候，要尽量避免一些无意义的话题，千万不要在一起谈论他人的隐私，或者议论

各家的长短。很多时候，同性之间出现的交际危机往往是由于闲言碎语的传播。

2.与恋人交往的礼仪

爱情是人类感情中最美好、最热情、最圣洁的一种感情，每个女孩都向往罗曼蒂克的爱情。其实，恋人之间的交往最终是为了增进互相的了解、培植爱情，最后成为人人羡慕的神仙眷侣。因此，女孩在与恋人交往的时候，一定要对自己的未来负责到底，既要对恋人真诚坦白，又要表现出对恋人的充分尊重。恋人之间应该敞开心扉，增进双方的了解和感情，而不是有意地掩饰和欺骗；爱一个人就要学会尊重他，不要因为爱他而想去改变他的生活习惯和生活方式。爱情，只有建立在互相尊重的基础之上，才会开出绚丽的花朵。

3.与异性交往的礼仪

在现实生活中，女孩都会不可避免地与异性打交道。但是，也许是因为受中国传统思想的影响，很多女孩在与异性接触的时候，就会不自然地联想到情欲，仿佛男女之间的正常交际是一种禁忌。于是，很多女性在与异性相处的时候，就会有一种逃避心理，或者保持一种清高的姿态。其实，只要你能掌握好与异性交往的礼仪原则，就能够建立与异性的友谊。

如何掌握好一个尺度？这就需要女性外在表现上，既要热情、诚恳，但又不可过于火热；既要自尊自爱，保持女性特有的矜持，又不可表现出清高、冷漠的姿态。女孩在与异性的交往中，要表现出真实的自我，而不是矫揉造作，哗众取宠。

遵循各种宴会的礼仪，展现你的美丽风姿

无论在西方还是在中国，宴会都是职场社交活动中较常见的形式之一。对于一个女孩来说，了解一些宴会的基本礼仪知识，无疑是益处多

多。另外，宴会也是人际交往中促进关系发展的重要手段，在参加宴会的过程中，足以让宾主之间关系得到进一步的发展，也能够通过参加宴会结识新朋友，扩大自己的交际圈子和视野。而中国人向来喜欢在餐桌上讲话，在这时候通常能够看出一个人的修养和内涵。女孩在宴会中一直占据着重要的位置，从古代君王宴会时必有歌女在一旁助兴，到今天的每次宴会都少不了几位女性朋友。我们可以理解为，当一个漂亮又有气质的女孩坐在餐桌前，不仅可以让在座的男士赏心悦目，也可以适当地调节餐桌气氛。因此，作为一个女孩，更应该知晓一些宴会礼仪，要知道，当你优雅地出席在宴会上时，那是你最美丽的时刻。

小红是一个刚毕业的大学生，毕业以后，她很快就找到了一份日企的工作，工作中，她也一直很卖力，就是为了能在公司有晋升的机会，可是一次小小的失误让她在公司几百人面前失尽颜面。

这家日企的老板对中国菜很有兴趣，几乎是痴迷，而每次公司宴会也是以中餐为主。小红是刚来的新手，在她到公司两个月以后，老板就提议要办一次宴会。小红对这次宴会并没有放在心上，因为她早打听到是中餐，就没有太在意。

那天，老板带着公司员工来到了事先定好的饭店。菜一上齐后，小红就随便坐了下来，这时，主管提示她："这不是你的位子，这是部门经理的，你应该坐那边！"小红倒说："真麻烦，哪里不都一样吗？"幸好那个部门经理很有涵养，忙说："是啊，哪里都一样！"而接下来，小红犯了更严重的错误，她素来吃饭不雅，吃饭的时候居然发出很大的声音，吧唧着嘴，好多女同事都在笑话她，她却还不知道。这时候，老板用不流利的中文说："吃饭是不能发出声音的，这样很不优雅！"小红这才意识到自己的失礼之处，大家顿时被老板的话逗笑了，小红羞愧难当。

餐桌上尽显女孩的素质和涵养，而由于小红对这件事没有给予足够的重视，使得她在公司众人面前丢了面子，而且给公司同事留下了不好的印象。由此可见，参加宴会并不是一件简单的事情，它并不是穿上漂亮衣服就能够优雅起来的聚会。其实，宴会上值得女孩要学习的礼仪很多，大到座位的安排次序，小到水果盘中牙签的用法，概括起来有以下几个方面。

1.应邀礼仪

当自己接到宴会邀请的时候，不管是请柬还是邀请信，需要尽早答复对方是否能出席，这样便于主人安排。一般情况下，邀请函上注有"请答复"字样的，无论你出席与否，都应该快速答复。若是注有"不能出席答复"字样的，则不能出席的时候才回复，但也要及时回复。

在答应接受邀请之后，不要随意改变主意。实在不得已不能出席的情况下，如果你又是主宾，应及早向主人解释、道歉，甚至亲自登门致歉。另外，在出席宴会之前，需要核实宴请的主人，宴会举办的时间以及地点，是否邀请了配偶，以及对参加宴会穿着服装的要求。

2.掌握好时间

出席宴会，你抵达的时间迟或早，逗留的时间长或短，在一定程度上反映着对主人的尊重，而迟到、早退、逗留时间过短会被视为失礼或有意冷落。如果身份较高，则可以略晚到达，对于一般客人，要早到达，而宴会结束后，需要主宾退席后再陆续告辞。

在出席酒会的时候，应在请柬上注明的时间内到达。在宴会进行中，如果有事需要提前退席时，应该向主人说明情况后悄悄离去，或者提前打招呼，届时离席。

3.礼节性的祝贺

到达了宴会的地点，应先到衣帽间脱下大衣和帽子，然后前往主人迎宾处，主动向主人问好，如果是庆祝活动，应表示衷心的祝贺。也可以按照当地习惯赠送鲜花，若是参加家庭宴会，可以给女主人赠送少量的鲜花。

4.宴会的座次

参加正式宴会，应听从主人的安排，如果桌上有桌签，一定要看清楚后对号入座，切不可随意乱坐。可以先了解自己的桌次和座位，入座时应留意座位卡上是否写着自己的名字，如果旁边是年长者，应主动协助他们先坐下。

5.就餐时的仪态和举止

在入席的时候，需要有优雅的风度与良好的仪态：双手应该是干净的，头发应该梳得整齐，椅子摆放要适当。身子坐直，双脚靠拢，两脚平放在地上，不可将两腿交叠，双手不宜放在邻座的椅背上，也不要把手放在桌上，更不要把双肘撑在餐桌上，这都是失礼之处。

就餐的时候，不管菜肴是否可口，都应该吃一些，不要拒绝，以表示尊重。进餐的时候自然大方，从容进食，不能狼吞虎咽，暴饮暴食，也不要过分地细嚼慢咽，扭扭捏捏，这样给人的感觉很做作。

当然，优雅女孩的吃相也应该是优雅的：咀嚼食物的时候应双唇合拢，不要发出很大的声音；进食应要适中、适度；不要去夹离自己很远的食物；喝汤的时候不可啜饮，而应一口咽下。在餐桌上，如果控制不住要打喷嚏、咳嗽的时候，应用手帕捂住口鼻，低头向一旁，尽量避免发生很大的声音，并且轻声说"对不起"。

6.就餐时言谈的礼仪

在西方人看来，宴会上需要保持安静，尽量少说话，但并不是说宴会上不能交谈。一般情况下，宴会上的谈话应该是自由的、随意的。但是，在交谈的过程中，需要注意几个问题：如果你想与旁边的人说话，不宜用手碰对方；与旁边的人说话，不要将自己背朝着另外一个人；不要隔着别人来进行两个人的交谈，比如与餐桌对面的人交谈；嘴里在咀嚼食物的时候不宜说话。在正式宴会上，说话不宜太多，口若悬河只会令人厌烦，要学会控制自己的情绪，不要就某个问题进行争论，也不要在餐桌上嘲笑别人。

7.就餐礼仪禁忌

在使用餐具的时候，不要使用餐巾布或餐巾纸去擦拭，避免引起误会；给客人夹菜的时候，一定要使用公共餐具；宴会结束后，不要当着别人的面拿走桌上的东西，包括烟酒、饮料、水果等。

第9章
职业修养：爱岗敬业，助女孩成为独当一面的职业女性

　　我们都知道，每个女孩离开学校后，就要进入社会、参加工作，对此，每个女孩都要心态积极，勇敢面对竞争。学会表现自我，才能引人眼球；学会担负责任，才有机会担大任；工作认真，才能让工作时的心情更飞扬。在职场中女孩要学会不断追逐自己的梦想，这样成功、快乐和理想才能离你越来越近。

走出家门，实现自己的社会价值

女孩不仅属于家庭，也属于社会。当今社会，作为一个女孩，需要在工作中体现自己的社会价值。在与男性并驾齐驱的过程中，她们依然可以撑起半边天，这才是女性应有的社会价值。从理论上来说，社会是一个有机整体，而家庭一向被视为社会的一个部分。一直以来，由于女孩与男人之间的差异，以及受到"男尊女卑"传统思想的影响，似乎女孩只能在家庭里承担妻子和母亲的角色，服务于家庭中的男人。但到了今天，越来越多的女孩开始走出家门，走向社会，她们心中怀着一股不服输的劲儿，在职场中与男性一较高下；与此同时，她们的社会价值也得到了应有的体现。对于社会关系来说，女性的加入才能彰显出新时代社会的特点，对此，建议女性朋友不要蜗居在家里，学会走出家门，走向社会，因为你需要在工作中体现自己的社会价值。

女孩开始走出家庭，走向社会，成为一名职业女性。这时，女孩赢在哪里呢？赢在自己的社会价值上。许多女孩对社会价值有错误的认识，她们总认为自己一个弱女子，能为社会做点什么呢？其实，职业不分贵贱，行业没有高低，对于新时代的女性来说，只需要选择一份适合自己、能发挥自己长处的工作。所谓"三百六十行，行行出状元"，只要你热爱工作，乐在其中，工作的时候就会得心应手，将那些平凡的工作做出不平凡的成绩来，如此，寻求生命之所爱，那就是女孩的社会价值。

王太太大学毕业后就结婚了，婚后在家里做了全职太太，每天照顾丈夫和孩子的起居生活，偶尔打打牌、做做美容。虽说这样的生活十分惬意，但王太太总觉得生活缺少了点什么。尤其是当丈夫去上班，儿子也上学了之后，自己一个人待在家里，坐也不是，站也不是。她偶尔会跟大学同学通电话，昔日的朋友和闺蜜都在上班，跟她聊的差不多都是公司的事情。这时候，王太太就特别羡慕，在社会这个大家庭中，每个人都找到了自己的位置，可自己呢？

朋友了解到王太太无聊的家庭生活后，纷纷劝道："老实说，当初你毕业后就选择结婚，而且做全职太太，我就为你感到惋惜，你那满腔的才华不是浪费了吗？""你看，我现在也结婚了，还不是工作、家庭、事业兼顾，人虽然是累了点，但我每天都活得很精彩。女孩啊，不要只窝在家里，还是要走入社会，在社会中，你才能找到自己的社会价值。"听到朋友的话，王太太有些动心了，她向丈夫说了自己的想法，丈夫很支持她出去工作。

现在，王太太在一家报社当编辑，每天东奔西跑的，回到家中累得都快动不了了，但王太太感到很充实。尤其是能为别人做点什么，那更是令王太太高兴的事情。现在的她不再是那个围着丈夫、儿子团团转的家庭主妇，而是化身成为美丽的职业女性，在工作中，她找到了自己的社会价值。

相信大多数女性都跟王太太一样，和男人一样走入了社会参加工作，养家糊口，共同支撑起社会和家庭的天空。从传统的思想走出来，她们获得了人身自由，同时，也获得了人格的自由。她们有了经济收入，不再仰仗男人的鼻息生活，自信、美丽的和谐，这一切构成了社会那道最美丽的风景线。

无疑，职业女性成为时代的强者、智者，她们在工作中找到了自己的社会价值，她们以自己的聪明才智在这个社会大舞台上演绎着形式多样的剧目。在新时代的职业女性中，有睿智大度的政府官员，有灵巧专注的产业工人，有侃侃而谈的专家学者，在文化界、商场、车间，到处都有她们美丽的身影。于是，在这个被男性一直雄霸多年的职场，多了女性的专注、审慎与耐心，而女性的温和、美丽和善解人意也成为不可多得的财富。

当然，作为职业女性，她们的生活是忙碌而充实的，不仅需要工作，还需要兼顾家庭，要像其他女性一样尽到女儿、妻子、母亲的责任。她们在工作之余，有时候还得去想其他一些事情，比如，父母的身体状况，孩子的学习情况，给自己进行充电等。这样的生活对于她们来说有点累，但却累得高兴、愉快。当岁月逝去，眼角留下鱼尾纹的时候，她们脸上洋溢着的是丰收的喜悦。她们以智慧、心血、汗水演绎着自己的角色，全心全意，殚精竭虑，充分展示了自己的社会价值和人生价值，而这就是自尊、自信、自强的职业女性。

燃烧你的工作激情，享受工作

戴尔·卡耐基说："仅仅'喜爱'自己的公司和行业是远远不够的，必须每天的每一分钟都沉迷于此。"在生活中，我们经常听到有女孩抱怨："工作一点也不快乐，很累，目标难以实现，做事处处碰壁，成功总是那么遥遥无期。"似乎工作对于她们来说，一点乐趣都没有。其实，只有那些对工作缺乏激情的人才会觉得工作很累，他们没有办法享受到工作的乐趣。作为职业女性，要想在职场中拼出属于自己的一片天空，就需要点燃自己对工作的激情，学会享受工作。约翰·洛克菲勒说："工作是一个施展自己才能的舞台，我们寒窗苦读来的知识，我们的应变力，我们的决断力，我们的适应力以及我们的协调能力，都将在这样一个舞台上得到展示。除了工作，没有哪项活动能提供如此高度的充实自我、表达自我的机会，以及如此强的个人使命感和一种活着的理由，工作的质量往往决定

生活的质量。"也正因为如此，真正的享受与快乐都尽在工作之中。

对于许多女性来说，工作只是谋生的手段，她们一方面在抱怨工作的累，一方面在期望能拿更高的薪金。如此，把自己搞得狼狈不堪。其实，职业女性需要重新看待自己的工作，工作不仅仅是谋生的手段，其本身就是人生的一部分。对于每一个人来说，最痛苦的不是贫穷，而是无事可做。萨默·莱德斯通说："实际上，钱从来不是我的动力。我的动力是对于我所做的事的热爱。我有一个愿望，要实现生活中最高的价值。"这或许是对那些富豪们为什么还努力工作的最好回答，工作本身给我们带来的物质享受是低级的、暂时的，而在其中体验到的精神上的愉悦才是长久的、深刻的。

俗语说得好："纵有房屋千百间，睡觉只需三尺宽；纵有良田千万顷，一日只能吃三餐。"对每一个人来说，人生的享受与追求不要仅满足于生存的需求，还要有更高层次的需求，也就是实现自我。从这个意义上来说，真正能让人实现自我的只有一件事——工作。对此，身为职业女性，应对工作有激情，如此，你才能享受到工作中的快乐。

江聪是一位讲究严谨的人，在工作中她会用十二分的热忱去对待每一件事，要求很严谨，一丝不苟，兢兢业业。身为一个女企业家，她身上最值得学习的就是她对工作的那种激情和严谨的态度，任何时候，只要一提到工作的事情，她都显得兴致勃勃。

当记者问道："作为女性，在房地产领域打拼，会比男性面临更多的挑战，那么，您在工作中如何调节自己？"江聪笑了笑，回答说："作为女性，我要学会如何在工作中去实现自己的人生价值，这样我才能在工作中得到快乐。工作是生活的一部分，生活其实就是在工作，只有把工作当成自己的毕生事业，才能在工作中享受到快乐，生活才能更加充实。快乐生活，与企业一起变老。"

只有那些对工作有激情的人，才能享受到工作的乐趣。在生活中有这样一些女孩，她们明明有一份很好的工作，报酬也不算低，但却总是不满意，她们缺乏对工作的激情，看不到工作的意义，找不到自己的位置和价值，自然，她们也享受不到工作的快乐，有的只是抱怨和烦恼。她们只是把工作当成谋生的手段，甚至当作负担，这样的女孩，她们的位置迟早有一天会被人所取代。所以，如果你拥有一份还不错的工作，请保持对工作的激情，学会享受工作，使自己的人生价值在工作中得到彰显与展现。

做好沟通，建立良性共事关系

俗话说："一个篱笆三个桩，一个好汉三个帮。"在公司里，如果你不懂得或不善于利用他人的力量，光靠单枪匹马闯天下，是很难施展你的才华的。在工作中，我们身边有许多方面的人际关系，这都需要我们去利用，其中，最主要的也是我们最容易忽视的就是与上司、同事的关系。在公司，我们接触最多的就是上司与同事，工作的事情需要向上司汇报，工作的细节需要与同事商量，对于我们来说，他们无疑是我们工作中的核心人物。与上司、同事做好沟通，与之建立和谐的关系，我们才能更轻松地应付工作。对此，作为职业女性，需要与同事、上司做好沟通，建立好关系，只有这样，你的职途才会更加平坦。

与上司相处，我们要特别小心。对于大多数上司来说，他们并不是无所不能的高手，在某些时候，仍然需要下属帮助出谋划策。因此，下属的任务就是为上司出出主意。美国钢铁大王卡内基说："我之所以能够获得如此大的成功，应该归功于我的管理团队，因为我敢用比自己强的人。"大多数的上司十分欢迎下属向自己建议，但是并不是说下属可以任意建议。对于下属来说，如何将自己的想法传达给上司，而且又能恰到好处地说到点子上，这才是最为关键的。

一位职业女性这样讲述了自己的工作经历：

我从事销售工作已经一年了，当时，我在一家公司为建筑施工企业的管理者提供建造师和监理师职业资格培训。这份工作最后以辞职收场，主要在于我与上司的意见不合。那时，公司在拓展南京市场后的一段时间里，我向上司建议拓展南京周边的市场，比如扬州等城市，以此扩大市场占有率。随后，我就拟写了一个营销方案，但这个营销方案没有得到上司的认可，他坚持要把南京市场做好。对此我十分生气，后来与上司大吵了一架，怒气冲冲地对上司说："你没有战略眼光！"接着，我就辞职了。

虽然她这种向上司建言献策的精神值得我们欣赏，但她与上司沟通的方式与态度却是不可取的，与上司因为意见分歧而争吵更不可取。作为一个下属，对上司说"你没有战略眼光"，将会直接激化其与上司的矛盾，最终并不能达到出谋划策的目的。因此，我们在向上司谏言时不仅要说到关键点上，同时也需要注意自己的表达方式与态度。一位公司的董事长这样说："作为上司，我希望下属能提供系统的解决方案，而不是一些零碎的观点和牢骚。"

另外，搞好同事关系也很重要。一位职业女性向心理专家诉苦："在办公室里，有位工作了三四年的老同事让我很心烦，平时不管我做什么事情，他都喜欢过来指指点点，我真的好苦恼。"或许，她的苦恼是每一位职场新人都遭遇过的。对于职场新人来说，初到公司的第一步就是与同事搞好关系。为了"讨好"同事，职场新人应该时刻注意自己的言行举止，尤其是语言表达方式，保持谦虚谨慎，如此，才能与同事做好沟通。

小雨刚到公司不久，主管就安排他与一位老同事写一份计划书。在确立计划书的方式时，小雨提出了自己的看法，可是老同事却不屑地说道："小姑娘，你想邀功的心情我理解，但你才刚来，还是低调点好，小心'枪打出头鸟'哟。"小雨心中很生气，但是，她冷静地想了想，老同事是干了十几年的老职员，如果与他发生了矛盾，对自己今后的工作十分不利。于是，小雨诚恳地说："我其实并不想邀功，只是希望与您合作能够干出点成绩来，不管用谁的方案，报上去时都用您的名字，我就当好您的搭档。"听了小雨诚恳的话语，老同事终于同意了小雨的方案。

大多数老同事会凭着自己资历深厚而对新人的言行举止百般挑剔或者根本不认同，处处干涉、事事指导，让一些职场新人无法施展自己的能力，工作总是被牵制。另外，一些老同事还有一定的戒备心理，他们在工作上很保守，不愿意指点、帮助新同事，害怕"教会了徒弟，饿死了师傅"。面对如此刁钻的同事，我们该怎么办呢？其实，只要我们言语中流露出对他的尊重或者赞美，对方就一定会被感动，并愿意成为我们工作中的合作伙伴。

认真工作，别在办公室培养私人友谊

职业女性经常会讨论这样一个问题：办公室中是不是没有真正的友谊？大多数女孩会抱怨自己对同事真心付出，到最后却被看似好友的同事欺骗。其实，在这里可以清楚地告诉那些天真的女孩们：办公室是公事空间，不是培养友情的场所。友谊是在相互没有利益的基础上建立的，如果有了利益关系，会使原本的友谊变味。在职场中，往往无法避免利益冲突，当利益冲突发生的时候，有可能你们之间的友谊就没有了，说不定彼此还会成为仇人。对此，告诫那些天真的女孩，千万不要以为在办公室找到了志趣相投的朋友。

一直以来，办公室就是一个复杂的场所，作为职业女性，你应该做与工作相关的事情，私人友谊在工作中往往会影响你自身的工作。另外，利益与友谊的冲突会导致太多的陷阱，在工作中，应该将工作放在第一位，否则，在你前面就会多一些陷阱。

同事之间，有些事情能说，有些事情则不能说。几乎在每个办公室都有一些八卦新闻，但聪明的女孩在每次谈论的时候都不会涉及什么实质性的话题，毕竟大家都知道聊这些是很不明智的行为。"朋友"是一种很淳朴的关系，任何带有利益性的关系都不算朋友，所以，我们通常称呼工

作上的伙伴为"同事"或"拍档""伙伴"之类，基本上不会称呼"朋友"。职场上的关系本身就很复杂，没有必要将"朋友"这一关系也扯入其中。

大学毕业后，小李将她在学校里最要好的朋友小王介绍到了她工作的公司，她们俩都被分配在销售部门，分管不同的领域。工作后，她们的友谊还像大学的时候一样，经常通电话，彼此倾诉工作上的烦恼，在休息时会一起出去喝茶、吃饭，认识男孩子。

半年后，公司对她们的工作作了调整，要求她们调换销售区域。这样一来，她们成了同事、客户比较的对象。公司开年会的时候，经常会听到同事们说"虽说小王还是小李介绍进来的，但论能力，小王还是略胜一筹。""是啊，许多客户都说，无论为人处世还是说话，小王都更受欢迎呢。"小王每次听到这些比较都觉得不好意思，转过头看小李，发现她正脸色铁青地站在那里，小王也不知道该说什么了。

过了一段时间，小王觉得小李对自己有所戒备，诸如工作之类的事情也不再跟自己谈，经常不接电话，若是问她，她的口气也是极其冷漠。小王觉得很惋惜，没想到以前的好朋友变成了两个竞争对手，一段友谊就这么毁了。痛心之下，小王决定离开公司。

有人用这样一句话诠释了复杂的职场关系："办公室可爱的人很多，可靠的人很少。"或许，在某些时候，身边的同事看上去每个都是可爱的，但是不能因此就把他们变成朋友。虽然在职场里保持良好的人际关系是必需的，但是办公室友谊是一种与利益相关的关系，而不是纯粹的朋友。如果你不擅长处理利益问题和工作问题，就不要与同事发展"办公室友谊"。

做好本职工作，实现职业发展

做好本职工作是每个人职业发展的前提。在日常工作中，人们总会遇到各种各样的问题，这时，往往有两种态度：一是找借口躲避，二是找方法解决。不少职业女性觉得，自己不过是一个弱女子，能解决什么问题，能躲就躲吧，其实，这就是找借口的典型例子。不同的态度，不仅是工作效果的差别，更是不同命运的差别。那些主动找方法解决问题的人，必然是发展最快、最好的人；而那些不断找借口的人，必然是最没有发展的人。"找借口"是工作中最大的禁忌，是一个人逃避应尽责任的表现，它所带来的不仅仅是工作的失败，甚至会给公司和社会带来不可想象的损害。因此，要想成为一名优秀的职业女性，需要做好本职工作，在任何时候都不要找借口。

"没有任何借口"是一个职场人最基本，也是最重要的素养。只有把握了这一点，才能将工作状态调整到最好，挖掘出自己最大的潜能。这样，不仅能给公司创造出最好的成绩，也能使自己得到最好的发展与回报。对于一个职场人来说，她们的大部分时间都在工作中度过，而正是通过工作，她们才能创造出最大的人生价值。一个真正期望其人生有价值的职业女性是绝对不会在工作中找借口的。在工作中，"没有借口"是一种优秀的职业素养，更是一种杰出的人生态度。女孩，在很多时候不需要假装柔弱，应该与男性一样，需要对自己负责，而往往一个对自己负责的人，是没有任何借口的。

中国女排一直将"没有借口"作为自己的座右铭，这句话其实源于以前的教练——袁伟民。他对女排队员要求十分严格，当时，女排的主攻手是郎平。郎平的业务水平比较高，她私底下经常关心和帮助其他队员。

有一次，郎平做完了自己的练习，主动留下来帮队友补课，或许是自己太累了，她不像自己训练时那样到位。没想到，教练袁伟民对她的扣球尺度把得很严，让她练了一次又一次，还罚她多做几组，郎平又气又累，

忍不住抹起眼泪来。按理说，自己主动陪练应该得到表扬，可是自己不仅没有得到表扬，还因为一时不到位而受罚，这岂不是很不公平吗？但教练就认准了一点，他不为郎平的眼泪所动，而是对她更加严格。

冷静下来的郎平想明白了，无论是自己训练还是帮助队员训练，都没有任何借口偷懒。她很快调整了状态，从下午五点到晚上九点，帮助队员补出了一堂高质量的训练课。

我们可以毫不犹豫地说：女排的成功，正是整个团队没有任何借口，努力拼搏的结果。在工作中，不管是作为个人还是作为一个团队，我们所需要拥有的精神就是"没有任何借口"。在启蒙运动时期，法国一位思想家曾说："人是什么？人是一种最会找借口的动物。"虽然，这话有失偏颇，但却形象地反映了职场人的心理。

一些职业女性在工作失败后总是为自己找借口，从来不反省自己的过失，结果自己本职工作没做好，还搞得心情很差。其实，找一次借口并不可怕，可怕的是将逃避和推托变成习惯，到最后，就连借口也成为自欺欺人的手段，这无疑会成为自己向前发展的枷锁。

小张毕业后的第一份工作，是做老总秘书，而她做好的绝不仅仅是本职工作。工作没多久，小张便了解到老总患了一种慢性病，严重时会影响到工作，对此小张显得格外小心。

有一天，小张在上班路上发现了一家药店的广告，正好介绍了一种可以治老总病的特效药。于是，小张赶紧将药买下，没想到这一耽搁，让从不迟到的她晚到了半个小时。她到办公室时，正碰到老总急着找她要资料，因此对小张的迟到很不客气地训斥了一顿。在那一刻，小张觉得自己很委屈，当时就想解释，但转念一想：不迟到是公司的规定，有什么理由不遵守呢？于是赶紧道歉，一如往常地工作。

下班了，小张悄悄地将药放在老总的桌子上，准备离开。老总发现了药，一下子反应过来，当他得知真实情况的时候，对自己早上的言行感到内疚，问小张："你为什么不早说呢？"小张只是很诚恳地说："您对我的批评是对的，不迟到是每个员工都应该遵守的规定，不论出于什么理由，我都不能找任何借口。"

许多女性在工作中秉承这样一个理念：干好工作就行了，其他事情跟我有什么关系呢？对此，许多人问小张是如何做到的，小张笑着说："其实我也只是转换一下思考问题的角度而已。如果只从自己的角度与感受出发，当然做不到。但是，只要我们围绕工作应尽的责任来思考，就会觉得非做不可。因为一个对自己负责的人是没有任何借口的！"或许，小张的这几句话会对那些总在找借口的人产生很大的帮助。

不断充电，丰富自己

优秀的女孩越来越多，而社会知识更新却越来越快，如果不及时充实自己，丰富自己，作为职业女性，或许你很快就会变成一个"营养不良"的女孩，会逐渐被社会所淘汰。为了应付越来越复杂的工作，女孩应该不断地充实自己，如果你不想做外表光鲜而里面空空的花瓶，如果你不想做让人讨厌的黄脸婆，那么就要学会不断地为自己"充电"。当然，充实自己的方法很多，并不只是简单地看书、学习，你可以欣赏一部出色的电影，可以不时地翻阅一些时尚杂志，可以重拾早已经落下的英文。只有不断地充实自己，你才能在纷繁复杂的职场中游刃有余，潇洒自如，也才能使你的职业生涯变得丰富多彩。

对职业女性来说，养心比养颜更重要，容颜会被岁月无情地摧毁，但心却不会。只要你每天多读书，及时补充精神营养，滋润即将干枯的心灵，不断地充实自己，增强自己的实力，你将永远不会被社会淘汰。在工作之余，你可以欣赏轻松的音乐，可以读读别人的文章，可以听听别人的故事，汲取自己所需要的养分。当你已经不再年轻、不再漂亮，你就会意识到那些看似不经意的积累却是你一生用不完的财富。

小白家境比较贫寒，高中还没毕业，她就辍学在家。后来，她随着村里的人去了大城市打工。很快，工作不久的小白就意识到学习的重要性。有时候，别人几分钟可以完成的事情，她往往需要花上几个小时，为此她没少受批评、被奚落。自尊心很强的小白暗下决心，一定要自学课程，拿到证明自己能力的证书。

于是，在下班后，小白报读了夜校。常常在晚上七八点，她还要拖着疲惫的身子去学校上课，下课回家后还得温习当日的功课。有时候，她会把功课拿到公司，向其他同事请教。在这样刻苦学习了几个月后，小白的做事效率有了很大的提高。半年后，小白参加了成人高考，拿到了高中毕业证。不过，小白并没有停止不前，她有一句座右铭："活到老，学到老。"一个偶然的机会，她对电脑产生了兴趣，为了更熟练地使用电脑，她自学了相关的课程，拿到了计算机的初级证书。最后，她还考上了电大计算机专业。

如果小白只是得过且过混日子，虽说，这样的生活也是有一天过一天，但她却不能实现自己的人生价值。相反，小白热爱学习、虚心刻苦，不断充实自己，增强实力。虽然之前所受到的教育有限，但是她始终不放弃学习，奋发向上，最终证明了自己的价值，开辟了属于自己的那片天空。

学海无涯，在生活中，我们无时无刻不是处于学习之中的。那些拒绝学习的人，会被别人看作是高傲、自负的人，这样的人不讨人喜欢，而且使人感到厌恶。最后，他们只会成为什么都不懂的井底之蛙。虚心好学，不仅仅是一种学习的态度，而且也将是你走向成功的途径之一。

20年前，杨澜凭借着主持综艺节目《正大综艺》在国内家喻户晓，好不容易在央视站稳了脚跟，她却突然宣布辞去主持人的工作，前赴美国私立纽约大学电影电视系攻读硕士学位。当时，很多观众感到不解：杨澜在《正大综艺》主持得好好的，为什么又要留洋呢？面对众人的不解，杨澜真诚地向观众说出了自己的心里话：自己学生时代的知识储藏基本耗尽，深感"电力"不足，急需"充电"。杨澜出国留学不是为别的，而是为了进一步把节目主持好，追求更高层次的艺术品位。

杨澜在美国留学期间，也曾被问道"在国内发展那么好，为什么还选择读书"的问题，杨澜坦然表示："年轻时最重要的资本不是青春、美貌和充沛的精力，而是你拥有犯错的机会，不要为青春留白。如果年轻时不能追随梦想，去为自己认为值得做的一件事冒一次险，哪怕犯一次错，那青春将是多么苍白啊。"从美国回来后，杨澜迈向了事业上一个又一个的高峰，恰是那次"青春的犯错"才为她积蓄了一生最珍贵的财富。

在获得了如此大的成就时，杨澜却毅然放弃了红红火火的事业，远赴美国"充电"，不断地学习新的知识，丰富自己的心灵世界。事实证明，她当初的选择是正确的，正是那个果断的决定，为她积累了一生的财富，使她收获了事业的丰硕果实。职业女性要懂得充实自己的内心，当你拥有了丰富的内心，丰厚的知识，你才会拥有属于自己的一片天空。做一个不断进取的女孩，一个不断充实自己的女孩，使自己越来越完美，向幸福不断地迈进。一个女孩，只有在不断的学习中才能取得进步，才能获得成功，才能收获幸福。

第 10 章
文艺修养：有文艺气息的女子更有韵味

　　有人说，人的灵魂不能浅薄、庸俗、无聊，它永远在追求最高尚的东西。在每个女孩的身体里，都住着一个追求文艺的灵魂，她们或爱琴、或爱棋、或爱书、或爱画，但对于女孩来说，无论当年多么如琴棋书画诗酒花，女孩的"下场"多是一头扎进柴米油盐酱醋茶，白天鹅落地做了家鸭。不过做了家鸭的日子自有家鸭的快乐，生活中，只要女孩们拾起那些昔日的文艺梦，就还会成为那个充满文艺气息和灵性的女子。

文艺修养让女孩更有灵性

高尔基说："世界上一切优美的东西，都是因为女孩而存在的。"女孩是美丽的化身，天性中的敏感细腻，使得她们天生就与艺术有缘，她们的生活从某种意义上说就是一种艺术。艺术既属于空间，也属于时间，它分别用线条与色彩、节奏与旋律来体现，而女孩正是线条与色彩的化身，节奏与旋律的载体。有的女孩虽相貌平平，但浑身洋溢的艺术气息却让她成为人群中的焦点，这就是艺术的魔力。女孩，不要做外表光鲜却里面空空的花瓶，学会培养高雅的情趣爱好，经受艺术气息的熏陶，品味花样生活。

有的女孩整天窝在沙发里看冗长的肥皂剧，有的女孩终日游荡在酒吧，有的女孩花大把的时间去美容院，她们之中没有人愿意抽出一点时间去看看画展，去听一听音乐会，经受艺术的洗涤。而那些懂得品味艺术的女孩，无论是绘画、音乐，还是文学，她都能娓娓道来，自有独特的见解。这样的女孩，自然是别有一番风情在眉梢，隐约透出浓郁的艺术气息。

郭倩如，法国高等社会科学院艺术品拍卖行政博士候选人，国际高等艺术管理学院艺术企业行政硕士。同时，她也是中国台湾罗芙奥股份有限公司总经理、睿芙奥艺术顾问公司总经理。至今为止，她是华人区唯一取得法国政府认证的鉴定拍卖官，主持过数十场国际级大型艺术拍卖活动，

历创台湾每年单场拍卖的最高成交金额纪录。

也许，女孩喜欢艺术的方式有很多种，但她却选择了艺术的鉴别与欣赏。虽然已经年过30岁，她却依然时尚雅致，深沉、温和而古典，嘴角永远向上，眼神自然流动，一颦一笑都荡漾着浓浓的女孩味。这实在是一个优雅平和的女孩，她喜欢文艺复兴时期的画，每一次去巴黎都花一个晚上的时间泡在卢浮宫里，3个小时只看达·芬奇、拉斐尔、米开朗基罗。同时，她以专家和名流的身份轻松出入全世界最顶尖的艺术和奢侈品场合，用不容置疑的口吻告诉任何一个艺术家和首富，这件艺术品的价值和财富增长的秘密。

艺术在她的身上展露得淋漓尽致，而作为一个女孩，或许选择做与艺术相关的工作是显得极其残忍的。这就意味着你把青春与美丽都献给了崇高的艺术，甚至穷其一生。但是，热爱艺术的女孩并不这么想，为艺术献身是最光荣的事情，甚至直到自己生命的最后一刻，都还在为艺术而燃烧。

当然，热爱艺术并不是附庸风雅，也不是拿来作秀的，而是基于内心对生命和生活那种极度的热爱，自然流露出对艺术的浓厚兴趣，让自己的生活充满着艺术的气息。做一个热爱艺术的女孩，让艺术成为自己生活中的一部分，慢慢品尝生活的美妙。

王小慧，旅德摄影艺术家、作家和教授。20年前赴德国作为职业艺术家从事摄影、写作、展览及讲学活动。近年来活跃于欧洲和中国艺术界，先后在世界许多美术馆等机构举办过艺术展，作品屡次获国际奖项并被许多机构及私人收藏。在国内外许多著名出版社出版过30余本个人摄影集和书籍，2007年德国政府为嘉奖她为德中文化交流做出的杰出贡献授予她"德中友谊奖"。

王小慧有着一双真正的如湖泊般的眼睛，深远又亲近的光芒，优雅从容的注视里蕴含着淡淡的哀伤，它囊括了如海般的深情和传奇般的人生际遇。无论摄影还是写作，都流露出其艺术天赋。她的代表作《我的视觉日记》在5年间就再版18次，至今高居中国畅销书排行榜。虽然没有接受过专门的摄影训练，但从小的爱好使她厚积薄发，其作品被收入世界最权威艺术出版社Prestel编撰的150年大师摄影作品集中。无论写实还是抽象，无论人物还是花草，王小慧的摄影作品无不体现出制作人的独特视角和匠心。

艺术让她们的生活充满了格调，让她们的生命更加绚烂。生命短暂，艺术永恒，人生路漫漫，唯有艺术才是最美丽的花朵。正如王小慧所说："其实我并不清楚将来会怎样，五年、十年以后会怎样。我觉得自己就像一棵大树一样，根越扎越深，枝也会越来越茂。我希望我的艺术和人生会像树一样，不断有新绿出现。"

当然，女孩并不是一定要做个艺术家，而是需要热爱艺术，并让艺术成为自己生活中的一部分。也许很多女孩认为艺术是高高在上的，它是音乐、绘画、摄影、文学，那些不俗的领域是难以跨越的。但在我们生活中，艺术并不是高不可攀的阳春白雪，它可以是电影、书籍、歌曲，总是出现在我们的身边。艺术修养是一个女孩内在素养的重要体现，也是一个女孩一生的财富。艺术的感觉与修养并不是与生俱来的，而是在艺术欣赏和才艺学习中逐渐培养出来的。只要你在平日的生活中，多接触各种艺术形式，参加丰富的艺术活动，就可以有效地提高你的艺术修养。

茶文化，晶莹剔透的古典韵味

茶是中国传统文化的经典，中国人历来对茶情有独钟，品茶也品出了茶文化。或许，每个女孩都有品茶的经历，却没有把品茶当作自己生活的一部分。其实，品茗也是一种文化修养，是每个女孩需要去培养的一种修养。千万不要因为它的青涩之味就敬而远之，也不要因为它的简单朴实而避之，以平和的心境才能品出茶香之味。在闲暇之余，静静地为自己沏一杯澄净的绿茶，茶味悠远，意味更悠长。只需一个杯子、一撮茶叶、一壶沸水，即可构成极富情趣的生活。当沸水注入杯中，唤起那干瘪茶叶的生命之源，随着缓缓流入的水尽情舞蹈，享受着水给予的滋润，慢慢浮出水面。茶杯里，一个情窦初开的少女舒展着优雅、婀娜的身姿，缠绕着绿的柔美，那绿晶莹剔透、那绿清清爽爽。作为一个女孩，要学会品茗茶，体会那醇厚的甘甜。

佛说："菩提本无树，明镜亦非台，本来无一物，何处惹尘埃。"品茶也是如此，是繁华落尽之后的落英缤纷，是年少浮躁之后的平淡真切。不同的茶代表着不同的文化：普洱是最让人感慨的茶，沏出的普洱茶茶色浓重，乍看上去有种熬煎后的苦中药的神态，它更像一个饱经风霜的老妇，时间让她沉重，却让人回味无穷，受益匪浅；碧螺春，则如一个淡雅的沐浴在春光中的女孩，时而偎依在老柳树下，时而躺在碧绿的草坪上，和春光一样淡雅，和春风一样给人清新；毛尖茶如其名，是所有茶中最有情的茶，它的泡制需要优质的水和细心的照料，方能回以最悠远的茶味；苦丁茶，入口极苦，细细品来，却是一种甘甜，沁入心扉的甘甜，有种苦也是甜，这就是苦丁茶，仿佛母亲的唠叨，老师不耐烦的谆谆教诲。

徐静蕾身兼导演、演员和作家等多重身份，平时虽然生活极为忙碌，但下午茶早已成为她日常生活中不可或缺的一部分，甚至创造出了自己的四季下午茶谱。徐静蕾说，"工作之余，一个茶包加上两分钟时间，一杯醇香甘甜的红茶即刻便能完美呈现。红茶能舒缓解压，让我在小憩后拥有更好的工作状态。红茶在不同季节也有不同的搭配秘诀，干冷的冬天我会加些姜糖驱寒保暖；秋天则适合甜甜的蜂蜜，温暖惬意；夏天的时候加点苹果酱，俏皮而健康；春天则加柚子酱，清爽美味。配合四季的心情创造多姿的红茶，给生活一点创意，给生活一点乐趣！"

卢仝的《走笔谢孟谏议寄新茶》："一碗喉吻润，两碗破孤闷，三碗搜枯肠，唯有文字五千卷，四碗发轻汗，平生不平事，尽向毛孔散，五碗肌骨清，六碗通仙灵，七碗吃不得，唯觉两腋习习清风生。"品茶不仅品出了茶味，更品出了人生真味。

从来佳茗似佳人，女孩如茶。茶需要慢慢体味，而女孩亦是；茗茶有醇香，女孩有韵味。佳茗与佳人从此有了不解之缘，《红楼梦》里，"贾宝玉品茶栊翠庵"那一章，庵主妙玉以旧年蠲雨、梅花雪液烹茶待客，"六安茶、老君眉、体己茶"，单这名字就令人无限遐想，再加上"海棠花式雕漆填金云龙献寿小茶盘，成窑五彩小盖钟、绿玉斗，一色官窑脱胎填的盖碗，九曲十环一百二十节蟠虬整雕竹根大盏"等茶具，那绝美的茶道，那精美的茶器，令人感受到茶的清雅韵趣。闻着那兰香氤氲的茶气，即便是没有亲口品味，也已觉得齿颊留香。

中国的茶文化源远流长，自古就有"斟茶要七分满"之说，这是一种礼仪，更是一种茶道。品茶也有讲究，"天生成孤僻人皆罕"的妙玉说："一杯为品，二杯即是解渴的蠢物。"如果你仅仅把茶用来解渴，那你就辜负了茶叶、茶具。茶，本身就充满了雅味，茶且品，便觉得是雅到了极致。品茶之美在于它的幽雅恬静，宁静的午后，沏一壶清香的绿茶，淡淡的茶香沁入心脾，蒸腾的热气迷住双眼，茶叶在壶中摇曳，弥散亦迷离。

品读红酒文化，做优雅妩媚女孩

红酒与女孩有一个永远解不开的结，红酒之下没有酒徒，只有优雅妩媚的女孩。在历代形成的传统观念里，酒沾染了太多的阳刚之气，唯独红酒例外，它是为女孩而生，更成了女性的代表。红酒是属于女孩的，尤其是有浓郁文化气息的女孩，它色泽艳丽，赏心悦目，幽香溢远。当女孩遇上红酒，便显得格外妩媚动人，那一团红晕，那一抹霞飞，那一份浪漫，无不叫人如痴如醉。红酒，它在诞生之初就裹着高贵、浪漫的外衣，它标志着一种生活态度，一种文化修养。摇曳的灯光四处迷离，雅致的水晶杯，红色的液体顺着杯沿缓缓流下，那点点滴滴，带着魅惑，那丝丝细

语，带着几许暧昧，游荡在每一个寂静的夜。华灯初上，不知是红酒醉倒在女孩的妩媚中，还是女孩醉倒在红酒的浪漫中。

她是一个喜欢每天喝一杯红酒的女孩，因为喜欢红酒沉淀的历史，她自己开了一个红酒雪茄吧。眼睛小小的她，笑起来的时候眼睛眯成了一条线，谈话时平和的微笑，让人轻易地接受她喜欢的红酒世界。

她坦言红酒改变了自己的心境，因为最早是教堂里的牧师、传道士开始酿造红酒，那种可以感受到的凝聚力以及和善让她可以有平和的心面对生活。同时葡萄酿造的红酒，就如农作物的耕作，需要有辛勤的劳作才能收获优质的红酒，这样也让她学会去珍惜。娓娓道来的红酒文化，让你不知不觉爱上这样一种淡然的感觉，品红酒是一种幸福。

她希望每个人在品红酒的时候，都能有足够的想象空间，想象出产这瓶曼妙红酒的葡萄酒庄的场景，想象从橡木桶里倒出的一瓶瓶红酒，缔造一个故事。

红酒也被称为"情人酒"，一个极具浪漫气息的别名。当红酒被女孩把玩着，才会真正地绽放属于自己的美丽。红酒是美丽的，它超越了尘世，跨越了时代，为的就是那一瞬间的相遇。而女孩天生就懂红酒，在都市的酒吧里，随处可以看见端着精致高脚杯的女孩，在那华丽的一刻，酒与女孩同时美丽着。有人说，大凡不喝红酒的女孩都是不解风情的女孩，女孩若是错过了与红酒的美丽邂逅，那只会使自己的生活丧失情调。红酒是女孩最亲密的情人，正如它的别名一样，给予了女孩无限的宠爱与呵护，值得女孩用一生的时间去细细品味。女孩成就了红酒，还是红酒成就了女孩，我们永远分不清，他们只是彼此绽放着，互相诱惑着，同时美丽着。

在越来越多的文化活动中，我们看到了红酒的身影，越来越多的女孩在就餐时会选择喝红酒，红酒似乎离我们的生活越来越近了。但是，女孩真正懂红酒吗？是否了解红酒背后的文化呢？是否知道饮用红酒的正确方法和礼仪呢？红酒文化，对每个女孩来说，都是一门必修课。

在一家酒吧里，品酒师小柯讲述了一些女孩在喝红酒时的一些误区："倒酒时喜欢满上；把红酒当成啤酒喝，少则半杯、多则一满杯，端起碰杯一饮而尽；喝红酒时加雪碧；认为红酒的年份越老越好……"接着，小柯继续说道："红酒是拿来品的，而不是拿来'拼'的，喝红酒误区的背后，是女孩对红酒文化的不了解。"似乎，女孩对于红酒文化真的缺课了。

下面，我们就简单地介绍关于红酒的知识，其中会涉及红酒文化的专业名词。

1.如何保存红酒

对于红酒的保存，最忌讳的是温度的强烈变化，如果你购买红酒的时候是处于常温，则在家里只需要保存在常温之下即可。如果你想饮用冰镇过的红酒，那可以在饮用前冰冻即可。如果你想将红酒储存在冰箱里，只需要存放于温度变化较小的蔬菜室内。红酒最理想的储存环境是温度约在12～14摄氏度间保持恒温，湿度在65%～80%，保持黑暗，因此，大多数人会将红酒放置在地下室。另外，还需要保持周围环境的干净，以免其他异味渗入红酒内。

2.酒标：教你学会认酒

品红酒需要长时间的研究以及层层的磨练，不过，学会认酒倒是一件简单的事情。认酒，就是要学会看酒瓶上的标签，红酒的卷标就是我们常说的许可证，它如同一个人的履历表一样。熟悉红酒的人们常说："只要看了卷标，就知道它的味道了。"通常情况下，卷标上都会标明：红酒收成的年份、酒名、生产国或生产地、庄园的名称、生产者名、容量和酒精浓度等。通过它所标明的内容，我们大概就知道了关于这瓶红酒的一切。

3.品红酒

红酒的成分相当复杂，最多是水分，占80%以上，其次是酒精，一般在10%～13%，剩余的物质超过了1000种，比较重要的有300多种。红酒里其他比较重要的成分，诸如酒酸、果性、矿物质和单宁酸等，虽然这些物质所占的比例并不高，但却是酒质优劣的决定性因素。如果红酒的成分呈现出一种平衡状态，那么红酒就会变得质优味美，使人在味觉上有无穷的享受。品红酒可以分为下面几个步骤。

醒酒：一瓶尘封多年的红酒，刚刚打开时会有异味出现，这时就需要醒酒。将酒倒入精美的醒酒器后稍等十分钟，酒的异味就会散去。醒酒器可以让酒与空气的接触面积最大，等红酒充分氧化之后，红酒那浓郁的香味就出来了。这个过程时间可以适当延长，一个小时左右即可。

观酒：斟酒时以酒杯置酒，基本要求是酒不溢出。在室内光线充足的情况下将红酒杯横置在白纸上，观看红酒的边缘，层次分明者多是新酒，颜色均匀者多是老酒，如果呈现棕色，那就有可能是一瓶陈年佳酿。

饮酒：在红酒入口之前，先深深在酒杯里嗅一下，这时你已经能嗅到红酒的幽香了，新酒的果香味很浓，而陈酒的果香味则比较内敛。吞入一口红酒，让红酒在口腔里多停留片刻，舌头上打两个滚，再深呼吸一下使感官充分体验红酒，最后全部咽下，一股幽香立刻萦绕其中。

也有人说，红酒就是女孩美丽的化身，那层次分明的新酒，犹如女孩子的娇艳容颜，灵气而秀美，有着清醇的香甜；颜色均匀的陈酒，犹如中年女孩的成熟，韵味十足，醇厚幽香；棕色的陈年佳酿，犹如老年女孩的眼眸，浓郁醇香，具有难以抵挡的诱惑。女孩与红酒之间，是惺惺相惜，红酒改变了女孩的心境，女孩铸就了红酒无与伦比的美丽。女孩与红酒，到底谁绽放了谁？这永远是一个谜。

品出姿态，咖啡里的记忆和情绪

咖啡，它带着浓郁的异域气息而来，填满了女孩的心房。有女孩说，续杯咖啡，等待爱情。女孩之所以钟爱咖啡，是因为女孩与咖啡比较相似。咖啡的独特醇香，色泽凝重，透着忧郁和冷寂，犹如一个曾经沧海的女孩。女孩品咖啡，咖啡也品女孩，你品它的寂寞，它品你的空虚，彼此在意味悠长的一刹那得到了满足。坐在优雅的咖啡厅里，点上一杯咖啡，不加糖不加奶，一边看书，一边品味咖啡独有的那份苦涩与香醇。咖啡味苦，却胜在香醇，那苦味之后的余香，久久地萦绕在心头，不肯离去。咖啡那独特的风味与魅力，容易令人上瘾，让人迷醉的不是咖啡本身，而是那一种文化气息。当你把形形色色的记忆和情绪都埋藏在杯子里，咖啡，从此就有了无可取代的浓郁滋味。

咖啡，它不同于茶的沁人心脾，也不同于酒的酣畅淋漓，其中的滋味只有喜欢怀旧的人才能读得懂。一个喜欢喝咖啡的女孩，一定是内心丰富，感情细腻的人，与人分享幸福和快乐，却一个人承受着失意和落寞。一个喜欢喝咖啡的女孩，像深秋的梧桐，像冬季里飘洒的雪，在一举一动之间，不经意流露出淡淡灵性，浓浓韵味。咖啡，这种带着浪漫情调的饮品，受到了女孩的青睐，它的醇香与女孩的韵味相融合，呈现出一种美丽的意境。浓郁的咖啡，带点小资，蕴涵着苦涩，体现出一种品的姿态。

清幽、典雅的咖啡厅里，舒缓的音乐慢慢流淌，点点滴滴诉说着动人的故事。刚刚从法院出来的她，好像不知道自己将要去哪里。在淡淡音乐中，她推开了咖啡厅的门，慢慢地坐了下来。

她把咖啡倒入乳白色的小杯里，加进了一小包奶精，她不喜欢加糖，她喜欢纯色的原汁原味的，她用勺子在小杯里均匀地搅动着，动作缓慢优雅，她右手捏着杯把，左手托着杯碟，端起来喝了一小口，味道很苦涩。想着自己和老公才来到这座城市，那时候还没有喝咖啡这样的小资情调。如今，在这个城市有了自己的一片自由天空，老公却恋上了别人，想起过去的悲喜哀愁，她不禁悲从心来。咖啡的余味在心里荡漾，她喜欢这味道，身体的疲倦仿佛少了很多，也轻松了许多。

一杯浓郁的咖啡，在忙里偷闲的时候，在闲情逸致的时候，或是在某个孤独的黄昏，或是在一个雨天的午后，细细品味咖啡的苦涩与醇香。那一抹浪漫，那一杯苦涩，那一阵清香，慢慢地扫除积压在心中的阴霾，

带来一种醇香的快乐。只愿坐在夜的怀抱里，静静地倾听，倾听心灵的呼唤，倾听咖啡浓郁的声音，沉静的夜，只有咖啡的余味飘远，诉说着无尽的忧思。

对于那些喜爱咖啡的女孩来说，咖啡文化却是不容错过的文化修养。

1.调制咖啡

咖啡的味道有浓淡之分，因此，不能像喝茶或可乐一样，连续喝三四杯，而以正式的咖啡杯的分量最刚好。普通喝咖啡以80～100cc为适量，有时候若想连续喝三四杯，这时就要将咖啡的浓度冲淡，或加入大量的牛奶，不过仍然要考虑到生理需求的程度来加减咖啡的浓度，也就是不要造成腻或恶心的感觉，而在糖分的调配上也不妨多些变化，使咖啡更具美味。趁热喝是品美味咖啡的必要条件，即使是在夏季的大热天饮热咖啡，也是一样。

咖啡杯：在餐后饮用的咖啡，一般都是用袖珍型的杯子盛出。这种杯子的杯耳较小，手指无法穿出去。但即使用较大的杯子，也不要用手指穿过杯耳再端杯子。咖啡杯的正确拿法，应是拇指和食指捏住杯把儿再将杯子端起。

加糖：给咖啡加糖时，砂糖可用咖啡匙舀取，直接加入杯内；也可先用糖夹子把方糖夹在咖啡碟的近身一侧，再用咖啡匙把方糖加在杯子里。如果直接用糖夹子或手把方糖放入杯内，有时可能会使咖啡溅出，从而弄脏衣服或台布。

咖啡匙：咖啡匙是专门用来搅咖啡的，饮用咖啡时应当把它取出来。不再用咖啡匙舀着咖啡一匙一匙地慢慢喝，也不要用咖啡匙来捣碎杯中的方糖。

杯碟：盛放咖啡的杯碟都是特制的，它们应当放在饮用者的正面或者右侧，杯耳应指向右方。

品咖啡时，可以用右手拿着咖啡的杯耳，左手轻轻托着咖啡碟，慢慢地移向嘴边轻啜。不宜满把握杯、大口吞咽，也不宜俯首去就咖啡杯。喝咖啡时，不要发出声响。添加咖啡时，不要把咖啡杯从咖啡碟中拿起来。

2.品咖啡

在品咖啡之前，先喝一口冷水，让口腔完成清洁。喝咖啡应趁热，因为咖啡中的单宁酸很容易在冷却的过程中起变化，使口味变酸，影响咖啡的风味。一切准备就绪之后，你可以先喝一口黑咖啡，你所喝的每一杯咖啡都是经过五年生长才能够开花结果的，经过了采收和烘焙等繁复程序，再加上煮咖啡的人悉心调制而成。所以，先趁热喝一口不加糖与奶精的黑咖啡，感受一下咖啡在未施脂粉前的风味。然后加入适量的糖再喝一口，最后再加入奶精。当然，对于咖啡，女孩应适量饮用，因为咖啡中含有咖啡因，对身体会有损害！

才华出众，腹有诗书才能谈吐不凡

知识是人生最好的一种时尚，它美容养颜，美不胜收。有知识的女孩，思维活跃，心境开阔，通情达理，她们始终生活在一种和谐、宽容的环境里，心情愉悦。知识是女孩的立身之本，喜欢读书的女孩，学历可能并不高，但一定有文化修养。她们大多能处事冷静，善解人意，那些经常被知识陶冶的女孩，一眼就能从人群中分辨出来，她们的从容、淡然，给人一种沉静的美。有知识的女孩，从来都不会乱说话，言必有据，每一个结论都会通过合理的推理而出，不会人云亦云，信口雌黄。高尔基曾说："学问改变气质。"而知识，将成就女孩的一生，它是气质、精神永葆青春的源泉。有知识的女孩，她的美丽永不叹息，对于女孩来说，知识是唯一的美容佳品。

一个有知识的女孩，她们往往学业优秀，才华出众，谈吐不凡，举止高雅。诸如传媒领域中的杨澜、陈鲁豫、许戈辉，都属于学识和修养兼备的女孩。而演艺界的刘若英和徐静蕾，也是令人欣赏和喜爱的学识与优雅

兼具的女明星。有知识的女孩，无论自己身在何处，都能够显示出学识和聪慧兼备的优雅与自信，这就是知识的魅力。历史上的蔡文姬没有王昭君那如花般的容颜，但她的筝曲家喻户晓；居里夫人没有西施之容，但她研究放射现象，发现"镭"和"钋"两种放射性元素，一生曾两度荣获诺贝尔奖；历史上的女词人李清照，没有貂蝉的美丽笑靥，但她有流传千古的《如梦令》；诸葛夫人没有"回眸一笑百媚生"的姿色，但颇具才华而又贤淑的她为世人称颂。这些相貌平平的女孩，是什么成就了她们的一生？当然是知识，也只有知识，能成就女孩华丽的一生。

海伦·凯勒，美国著名的女学者，她在一岁半时就因病成为一个盲聋哑人。后来，在家庭教师沙利文的照顾下，她凭着自己顽强的毅力，学习了数学、自然、法语、德语，最后，以优异的成绩考入了哈佛大学女子学院。因为知识，她完成了14部著作，并把自己的一生献给了盲人福利和教育世界。知识，改变了她的一生。

第一次接触知识的时候，海伦·凯勒和老师沙利文在一起，老师带着海伦走到喷水池边，要海伦把小手放在喷水孔下，让清凉的泉水溅在海伦的手上，接着，老师在海伦的手心写下了"water"这个单词。那是海伦第一次感受到知识的力量，后来，海伦回忆说："不知怎的，语言的秘密突然被揭开了，我终于知道水就是流过我手心的一种物质。这个词唤醒了我的灵魂，给我以光明、希望、快乐。"

后来，海伦·凯勒进入了位于马萨诸塞州的剑桥女子学校，在1900年秋季，海伦再申请进入哈佛大学拉德克利夫学院就读，这对于一个失明和失聪的女孩而言，可说是难以置信。在哈佛学习四年之后，她以优异的成绩获得了文学学士学问，成为首位毕业于高等院校的聋哑人。

知识，成就了海伦·凯勒的一生，在她获得成功之后，她没有忘记那些生活在无声世界和黑暗世界中的孩子们。她把自己一生所学得的知识用以盲人福利和教育，她希望更多的盲人孩子感受到知识的快乐。对此，有人曾这样评价她："海伦·凯勒是人类的骄傲，是我们学习的榜样，是人类善良的表现，相信她的事迹能成为后世的典范。"

　　夏洛蒂·勃朗特出生于英国北部的一个乡村牧师家庭，母亲早逝，童年的夏洛蒂生活很不幸。好在父亲是剑桥圣约翰学院的毕业生，知识渊博，他常常教子女读书，指导她们看书报杂志，给她们讲故事。这是母亲过世后，夏洛蒂能得到的唯一乐趣，同时，也给夏洛蒂以及两个妹妹带来了最初的影响，使她们从小对文学产生了浓厚的兴趣。

　　后来，辗转多处求学，其中，在意大利学习的经历激发了夏洛蒂表现自我的强烈欲望，促使她投身文学创作的道路。其实，早在夏洛蒂14岁的时候，她就已经写了许多小说、诗歌和剧本，虽然，这些写作看上去还很幼稚，但已经表现出相当厚实的文学素养和丰富的想象力，这为她后来在文学上的成功奠定了基础。

　　在夏洛蒂30岁的时候，抱着对知识的渴求以及文学的热爱，她写了一部长篇小说——《简·爱》。小说里的人物和情节大多是她在生活中经历过的或熟悉的，稿子交出去后，令出版商大为惊喜，甚至通宵达旦地审读，最后，出版商认为这是一部杰作。不到两个月，小说《简·爱》就出版了，在当时引起了轰动，大街小巷都在谈论这部小说，人们到处打听，作者是谁？

　　夏洛蒂将自己的感情融化在文字中，让《简·爱》诞生，并使之成了世界经典的文学名著。如此的才气与知识，才是其作为女孩的魅力显现。做一个美丽、健康、时尚而智慧的女孩，几乎是所有女性的渴望。而书则是带人类从洪荒到启蒙，同时，也是改变一个人最有效的力量之一，女孩的文化修养是从书香中熏染出来的，一个女孩的气质和修养都是与书分不开的。

　　时间会为读书的女孩带来皱纹，却夺不去她的睿智和善良；岁月会为读书的女孩带来白发，却带不走她内在的魅力和修养。时间可以带走一切，却带不走那颗宽厚、智慧、纯真、善良而又骄傲的心，在逐渐老去的人生旅途上，有知识的女孩会走得更加从容，更加美丽。

第 11 章
情商修养：主宰命运，高情商的女孩掌控自己的命运

　　有人说，女人不一定要成功，但一定要成熟。也有人说，女孩可以不漂亮，但一定要有灵气，那么，什么样的女孩才有灵气呢？高情商的女孩！的确，对于女孩来说，无论是实现人生理想，还是生活琐事，也无论在家庭或职场，是否能处理好人际关系体现了女孩情商的重要性，高情商的女孩能把控命运，能将各种人际关系处理得游刃有余。总之，每个女人都需要记住，情商是开启心智的钥匙，激发潜能的要诀，它像一面魔镜，令人时刻反省自己、调整自己、激励自己，是你人生获得成功的力量源泉。

女孩培养高情商，开拓新天地

在生活中，我们会发现这样的事情：有的人看起来脑袋很聪明，但生活却不尽如人意；而有的人看起来智商平平，但却过得很幸福。这到底是什么原因呢？或许，看见如此大的差别会觉得很沮丧，但事实告诉我们，有时候，智商高并不占据绝对优势。一个女孩生活得幸福快乐，这是情商在起作用。情商是一种能力，可以感觉、了解和有效应用情绪的力量与智能作为人类的能量、信息和影响的来源。情商一方面能够显示出理性的智能，另外一方面，它还来自于心的智慧。情商包括这几个方面的内容：认识自身的情绪，因为只有充分认识自己，才能成为自己生活的主宰；妥善管理自己的情绪，也就是能够调控自己；自我激励，它能够使人走出生命中的低潮；认知他人的情绪，这是我们与人交往，实现顺利沟通的基础；还包括人际关系的管理。

对此，有人给出了这样一个公式：80%情商＋15%智商＋5%逆商（逆向思维能力）＝成功人士。在一个人成功的所有要素中，情商因素占了80%。大量事实证明，情商对于一个人的成功有多么重要。科学家认为：情商是一种驾驭自己的能力，包括驾驭自己的情绪，驾驭自己的思想，驾驭自己的意志，最后，努力去实现自己的愿望。为了证明这一论断的正确性，美国一家著名的研究机构调查了188个公司，测试了每个公司的高级主管的智商和情商，并将每位主管的测试结果和该主管在工作上的表现放在一起分析。研究结果表明：对于一位领导者来说，情商的影响力将是智商的9倍。换句话说，一个智商稍逊的人，如果拥有较高的情商指数，也一样可以获得成功。

俗话说得好："做事情要先学会做人。"作为女孩，该如何培养自己的高情商呢？

1.做到"三不"

在生活中，我们需要做到"三不"，即不批评、不生气、不抱怨。遇到令我们生气的人和事，要学会冷静，不要急于批评；遇到烦心的事情，不抱怨，以平和的心态来面对。

2.有"三情"

一个女孩应该有"三情"，即激情、热情、感情，对自己的工作应该有激情，对生活要充满热情，而对身边的人或亲朋好友要有感情。

3.需"二容"

所谓的"二容"就是"包容、宽容"，一个女孩为多大的事情计较，就证明她的心胸有多大。古人说得好："大肚能容容天下不平之事，笑口常开笑天下可笑之人。"对人对事应怀着一颗包容、宽容的心。

4.学会沟通

在日常交际中，我们要善于沟通、交流，而且在沟通、交流的时候，要以坦诚的心态来对待，开诚布公，如此才能与他人建立融洽的关系。

5.学会赞美

赞美是人际交往的润滑剂，在与他人相处的过程中，我们要学会赞美。所需要记住的是，赞美要真诚，需要发自内心，而不是奉承他人，我们可以经常对他人称赞说："你很优秀。"

6.每天保持好心情

心理专家建议说，养成每天照镜子的习惯，可以使你保持一个好心情。在照镜子的同时，可以调整自己的好心情，你可以每天早上对着镜子大声说："我是最棒的，我是最好的，大家都很喜欢我！"

7.学会倾听

沟通的秘诀在于少说多听，而且倾听是一种很好的美德。在生活中，许多女孩不善于倾听，总是喜欢自己说，这是一种不好的习惯。我们应该养成倾听的习惯，做到多听、多看、多做。

8.敢于承担责任

即使你只是一个女孩，也应该学会做一个负责任的人。要敢于承担责任，不要推卸责任，遇到了问题不要给自己找借口，而是正视问题、分析问题、解决问题，这才是做人之道。

9.学会帮助别人

在生活中，要学会帮助别人，每天帮助一个人，你的快乐就会多一点，这样，你的生活就会少些烦恼，多些快乐。

在很多时候，情商包括了对于人生价值和意义的理解，对自我人生目标的知晓，对人生征途的把握。当然，情商是可以通过后天培养的，不过，这绝对不是靠读书、考试、学习而来的，而是通过对自我的评估、自己定目标来获得的。

提高情商，有助于女孩潜能发挥，步入成功

高情商的女孩，总能够在生活和工作中获得自己的成功。她们大都目光长远，不计较眼前的利益。她们考虑问题总是深思熟虑，做事情总是未雨绸缪。在生活中，她们能够让自己不受各种情绪的影响，具有很强的情绪承受能力。她们总是保持乐观、积极向上的心态面对生活，所以她们常常能战胜人生路途中的每一个艰难险阻，最终摘得成功的果实。情商让女孩把自己的潜能发挥得淋漓尽致，在职场中如鱼得水，工作起来顺风顺水；情商让女孩更有魅力，更有女孩味，同时，有助于女孩走向成功。

情商高的女孩，往往在为人处世上，有自己独到的见解和方法，我们

不妨借鉴一下，高情商的女孩是如何走向成功的。

1.坚持就是胜利

或许，我们只看见成功女孩的光环，而没有看到她们背后的艰辛。每一次成功都是源自汗水和心血的灌溉，没有付出，哪能有收获？要明白，目标是一点一点、一步一步实现的。高情商的女孩懂得只要是自己认定的目标，就要努力地坚持下去。哪怕前面路途上有不尽的坎坷，哪怕荆棘满地，她们都会咬牙坚持过去，因为她们知道，前面有可能开满了成功之花。聪明的她们不相信一天就可以登上成功的山峰，于是，她们学会把失败当作朋友，坚持不懈，直到成功的那一刻。

2.心动不如行动

有人说：行动才是真理。有些女孩做事总要等到自己心情好的时候才着手去做。而聪明的女孩则不会这样，她们一旦心里有了什么想法，就放开自己的手去做。只有投入到实际的行动中，才会发现问题所在，才会及时更正，才有成功的机会。

3.积极向上的心态

她们总是对别人微笑，这样，她们也能获得别人微笑的回报。她们也对自己微笑，给自己不断的鼓励。她时刻怀着一颗乐观的心去对待生活，积极向上。如果你改变不了厄运，那么就改变你的心情。拥有积极向上心态的她们，不但善于去克制自己的情绪，而且也在生活中影响着他人的情绪，不知不觉就把乐观传染给身边的每一个人。遇到烦恼时，她们也不烦躁，因为她们知道，生气是没有用的，唯有乐观才能让那些痛苦、烦躁烟消云散。

4.说话坦诚

成功的女孩在有把握的情况下，会直截了当地说出真话。因为她的坦诚，别人会认为她是个可爱的女孩，并且会被她的真诚所感动，于是，对她没有任何戒备心理，而是敞开心扉与她交流。说话坦诚，除了说真话，还要诚实。一个高情商女孩会诚实地告诉别人她在想什么，她需要什么。

遇到意见不合的时候，她也能诚实地说出自己的见解。她永远不会为了迎合别人而撒谎，因为她觉得诚实远没有虚伪、撒谎来的费心思。

5.抓住每一次机遇

有人说："机遇是留给那些有准备的人。"高情商的女孩就善于发掘生活中的每一个细节，抓住每一个机会。如果是今天能做完的事情，她们绝不会拖到明天。她们不会对遇到的困难而忧虑，因为那是无济于事的，只能重复自己的痛苦。相反，她们努力工作，为自己创造契机。面对难题时，她们积极地致力于寻找解决问题的办法，而不是坐以待毙。她们愿意从小事做起，并且在不断积累中获得经验。她们知道，这是她们能够成功的必需条件。

6.微笑面对逆境

有的女孩没有等困难到来就已经逃跑了，而聪明的女孩总是微笑面对困难，迎难而进。一个成功的人，总是要比常人多受一些挫折的磨炼，因为经历了逆境的艰险，才会获得更大的成功。成功的女孩在面对一些困难的时候，她们也会感到忧虑，但是她们更迫切地渴望能找到解决的办法。于是，她们总是在紧急的情况下，发出惊人的潜力，把忧虑和恐惧化为力量的源泉，完成了几乎不能完成的任务。

在遭遇重大变故后，她们也能微笑面对，重拾生活的信心。一个成功的人，不在于她有多大的成就，而在于她面对人生惨境时能够以坦然的心来面对。而情商高的女孩通常都会做到这一点，正是她们的微笑，成了战胜困难的利器。

冷静理性，提升你的情绪智商

埃利斯说："情绪是伴随着人们的思维而产生的，情绪上或心理上的困扰是由于不合理的、不合逻辑的思维所造成的。"在生活中，我们难

逃情绪的包围，诸如喜怒哀乐这四种人类最基本的情绪，时常成了我们面孔上的常见表情，可以简单地说，我们都是情绪的奴隶。稳定而平和的情绪对于一个人是很重要的，在相同的环境下，越是冷静的人越容易获得成功。或许，有时候的确是发生了一些令我们生气或愤怒的事情，这时我们的心中就会涌起恶劣的情绪。这样的后果是心理上的情绪失控会给我们的生活带来一些不必要的麻烦，长此以往，我们就只能成为情绪的奴隶而没有办法控制情绪。为了改变这种现状，我们应该努力控制自己的情绪，争做情绪的主人。

1965年9月7日，在美国纽约举行了世界台球冠军争夺赛。当时，闻名世界的台球选手路易斯·福克斯十分得意，因为他的成绩遥遥领先于其他选手，只要正常发挥，他便可登上冠军的宝座。

谁料，就在路易斯·福克斯准备全力以赴拿下整个比赛的时候，却发生了一件令他意想不到的小事：一只苍蝇落在了主球上。刚开始，路易斯并没有在意，他只是挥手赶走了苍蝇，然后就俯身准备击球。可是，当路易斯的目光落到主球上的时候，他发现那只可恶的苍蝇又停留在了主球上，路易斯皱着眉头赶走了苍蝇。这时，细心的观众发现了这一现象，不时发出阵阵笑声，大家都饶有兴趣地看着路易斯的一举一动，路易斯摇了摇头，再次俯身准备击球的时候，那只苍蝇好像故意与自己作对似的，它又落在了主球上。

就这样，路易斯与那只苍蝇一直周旋着，观众的笑声一浪接着一浪，似乎并不是在观看台球比赛，而是看滑稽表演。此时，路易斯的情绪显然坏到了极点，当那只苍蝇再次落在主球上的时候，路易斯终于失去了理智和冷静，他气得用球杆去击打苍蝇，却一不小心碰动了主球，对此，裁判判他击球，路易斯因此而失去了一轮的机会。

在这场比赛中，约翰·迪瑞是路易斯的对手，本来约翰认为自己已经注定失败了，但是见到路易斯被判击球，约翰不禁信心大增，连连过关。而在台球桌的另一边，路易斯在愤怒情绪的驱使下，连连失利，最后约翰获得了世界冠军，路易斯失败了。

不过是一只小小的苍蝇，却击败了一个世界冠军，在愤怒情绪驱使下，路易斯发挥失常，最终与成功失之交臂。我们在扼腕叹息的同时，也为此感到震惊。这就是愤怒情绪所积压的力量，它可以将我们阻拦在成功大门之外。

每天，只要生活在这个世界，我们就会面对许多情绪，情绪似乎主宰了我们的一切。有人这样说道："一切争吵都是从情绪开始的，一切纷争都来源于情绪。"其中，生气往往会引起强烈的反应，郁积成"膨胀"的气团，甚至有可能产生连锁反应，最后导致"火山"爆发。在通往成功的路上，我们最大的敌人并不是缺少机会，而是缺乏对自己情绪的控制。在生气的时候，不能抑制心中愤怒的情绪，使身边的人望而却步；消沉的时候过于放纵自己的萎靡，这样我们就会浪费许多稍纵即逝的机会。对此，告诫所有的女性：学会控制自己的情绪，千万不要做情绪的奴隶。

林肯很善于控制自己情绪，有一天，陆军部长斯坦顿来到林肯办公室，气呼呼地对林肯说："一位少将用侮辱的话指责你偏袒一些人。"林肯笑着建议："你可以写一封内容尖刻的信回敬那个家伙，可以狠狠地骂他一顿。"斯坦顿立即写了一封措辞强烈的信，然后交给林肯看，林肯高声叫好："对了，对了，要的就是这个，好好训他一顿，写得真绝了，斯坦顿。"

但是，当斯坦顿把信叠好装进信封的时候，林肯却叫住他，问道："你干什么？"斯坦顿有点摸不着头脑了，说道："寄出去呀。"林肯大声说："不要胡闹，这封信不能发，快把它扔到炉子里去，凡是生气时写的信，我都是这么处理的。这封信写得很好，写的时候你已经解气了，现在感觉好多了吧，那么就请你把它烧掉，再写第二封信吧。"

约翰·米尔顿说："一个人如果能够控制自己的激情、欲望和恐惧，那他就胜过了国王。"有时候，情绪不仅是心灵健康的庇护神，而且它对我们决胜的关键时刻也十分重要。在现实生活中，面对不同的环境、不同

的对手，有时候，我们采用何种手段并不重要，而控制好自己的情绪才是
至关重要。每个人都有自己的情绪，而情绪常常令我们捉摸不定。但是，
不管情绪如何难以琢磨，我们都应该努力控制好它，保持平静的心态，绝
不做情绪的奴隶。

心态乐观，高情商比美貌更吸引人

有人说："积极创造人生，消极消耗人生。"或许，只有好心态的女
孩才能驾驭自己的人生，也才能收获幸福与快乐。"心态决定命运"，良
好的心态必将带来好的命运，好的人生。心态是人们的心理态度，简单地
说，就是人的各种心理品质的修养和能力。当然，心态还包括人的意识、
观念、动机、情感、气质、兴趣等心理素质，因此，心态对人的思维、选
择、言谈和行为动作具有导向和支配作用。恰恰是这种导向和支配作用决
定了人们的繁盛与兴衰，决定了人们的命运。

当然，心态是一个人的心理由于各种信息刺激做出的反应的趋向。
良好的心态并不是先天固有的，是需要后天培养的。而且，养成良好的心
态，环境、氛围也很重要。俗话说："物以类聚，人以群分。"一个人如
果长期和一些心态消极的朋友待在一起，那么他自己的心态也会变得消
极；一个人如果长期和心态乐观的朋友在一起，那么他自己的心态也会变
得乐观。所以，培养良好的心态需要尽量与那些心态乐观的朋友在一起，
远离那些心态消极、悲观的人，使自己的心态受到积极的影响和感染。

露露的姐姐长得很漂亮，但是露露却一点也不美，个子也只有1.53
米。她从小就老听到这样一句话："哟，这个小姑娘长得怎么一点也不像
姐姐呀！"但是，露露并没有因此而伤心，她发奋努力，在别的女孩忙着
打扮自己时，她轻松地考上了大学，在别的女孩忙着恋爱时，她又考上了
研究生。

后来她去了广州，办起了自己的公司。不久，她接待了第一个大客户。那是一个台湾人，他一见露露，就露出一副大失所望的神情。露露明白他的失落。以前谈生意，她都不出面，但是这次由于是大客户，她决定亲自上阵。没有想到，还没开始谈，对方就露出失望的表情。

然后，那个台湾人喝了点酒，话明显多起来。他拿着酒杯，半醉半醒地说："其实你的身材很好，也年轻……"说着，便把脸凑了过去。露露轻轻地推开他，然后为自己倒了满满一杯白酒，说："这里满街都是美女，但我不是，可我有最出色的产品。如果你是冲着我的产品来的，那我就先干为敬！"说着，她一仰头，把满满的一杯酒喝了下去。

出人意料的是，那个台湾的客户居然签了这笔单子，从那以后，他成了露露的重要客户，还给她介绍了其他客户，使得露露的公司日益红火起来。

有的女孩常常因为自己的容貌不如别人而产生深深的自卑感，其实，这就是心态不好的表现。那些拥有积极乐观心态的女孩，即使自己容貌平平，但她们对自己依然充满自信。要知道，一个漂亮的女孩和一个充满自信的相貌普通的女孩一样都可以赢得男人的宠爱，甚至，自信的女孩比单纯漂亮的女孩更有吸引力。说到底，这都是心态的魅力，而对于那些想要驾驭自己人生的女孩来说，在很多时候，好心态成了她们摆脱逆境的重要因素。

叶乔波在10岁的时候就开始踏上滑冰场，她是个追求完美的女孩子。当初那严酷的训练也让年幼的她疲于奔命，但为了踏上滑冰场完成心中的梦想，她咬着牙坚持了下来。18岁那年，她的头椎受伤了，经过北京和沈阳几家大医院诊断，如果她再继续练滑冰，将有瘫痪的危险。于是，摆在她面前的是继续与放弃这两个艰难的选择，但生性乐观、不服输的叶乔波选择了前者。

在1988年，本来已经进驻冬奥会选手村三天的叶乔波突然被国际滑联取消参赛资格，并被罚停赛15个月，理由是她所服用的中药里含有违禁成

分。这次的打击无疑是十分严重的。对于23岁的她，似乎承受不起，因为她已经没有多少运动生涯了。

面对这样的结果，叶乔波还是抱着积极乐观的心态来看待这一切。辛苦训练4年之后，她又一次站在了冬季奥运会上，准备充分的她以一连串令人震惊的成绩，让世人刮目相看。此时，她已经28岁了，困扰着她的依然是艰难的去留选择。她考虑了很久，最终以超人的毅力留了下来，并为自己设定了更高的目标，超越荣誉的决心使她战胜了病痛。

在一次又一次的比赛中，她用自己的身体演绎了完美的神话。即使受着病痛的折磨，她依然展现出最迷人的风采，用不断地奋斗来充实自己的人生。

孟子说：天将降大任于斯人也，必先苦其心志，劳其筋骨，饿其体肤，空乏其身，行拂乱其所为，所以动心忍性，增益其所不能。即使周围的环境很艰苦，或者自身所受的折磨很痛楚，但如果你像叶乔波一样保持积极乐观的心态，就一定能拥抱成功。反之，如果你一直都这样怀着消极的心态去生活，不仅对成功没有半点促进作用，而且还会阻碍自己前进的脚步。

或许，许多女孩都忽视了这样一个道理：女孩的好心态比漂亮的外貌更重要。既然相貌是天生的，是我们无法选择的，那我们就不能因为长得不美而整日愁容满面，失去自信。保持良好的心态，坦然接受自己，即使在逆境中，也需要保持乐观的心态。当青春美貌来不及缠绵情长，像过客一样飘然离去的时候，那些相貌平平但心态好的女孩在岁月中积累的修养、知识，却会随着时间的流逝而散发出更美丽的光辉。在时间的大海里，她们从容而淡然地驾驭自己的人生，美丽而优雅地展现自己的修养。

丰富眼界，不为眼前小事纠结

心理导师戴尔·卡耐基曾说："许多人都有为小事斤斤计较的毛病。人活在世上只有短短几十年，却浪费了很多时间去愁一些一年内就会被忘掉的小事。"在现实生活中，有的人经常会为一些小事而烦恼，但事实上，这些烦恼都是自找的。一个内心浮躁的女孩往往倾向于自寻烦恼，在很多时候，她忘记了甜蜜的爱情、美好的生活，而紧紧抓住一些芝麻绿豆大小的事情而烦恼。虽然，烦恼是我们每个人都避免不了的，但如果我们总是自寻烦恼，就连小小的事情也不放过，那么烦恼就会成为我们生活的一部分，甩也甩不掉。许多人的烦恼都是自找的，本来没有烦恼的，或者说原本没有理由烦恼，但由于内心的浮躁，不自觉地就把一些小事当作烦恼的根源，最后陷入痛苦的漩涡。对此，卡耐基建议那些常为小事而烦恼的人：生命太短暂了，千万不要为小事而烦恼。

罗勒·摩尔曾经历了这样一件事情，从这以后，他发誓再也不为小事而烦恼了。在他成为一名海军之前，他是一个银行的职员。曾经他为了很多小事而烦恼：比如工作时间长，薪水太少，没有机会升迁，没有办法买自己的房子，没有钱买部新车。那时候，他记得自己每晚回家总是感到非常疲倦和难过，经常与妻子因为一点芝麻小事而吵架，他甚至还为自己额头上的一块小伤疤而烦恼过。

在成为一名海军后，他与队员经常会驾着潜艇出海巡逻。有一次，他们发现了一支日本舰队向他们开来，于是，他们向其中的一艘驱逐舰发射了三枚鱼雷，但遗憾的是都没击中，正当他们准备攻击另一艘布雷舰的时候，它却突然掉头向潜艇开来。为了躲避攻击，他们潜到了150英尺（1英尺＝0.3048米）深的地方，为了保持安静，他们关闭了所有的电扇、冷却系统和发动机器。

几分钟后，几枚炸弹在他们四周爆炸，而且，这样的攻击持续了15个小时。队友们躺在床上，保持镇定，但摩尔已经吓得不敢呼吸了，他

想："这次完蛋了。"由于关闭了电扇，潜艇温度升到了40℃，但摩尔却感觉全身发冷，穿上了毛衣依然全身发抖。在15个小时的攻击过程里，摩尔想到了很多事情，自己过去的一切都浮现在眼前，他想到了自己所干过的坏事，还有那些他曾烦恼过的事情。

这么多年以来，摩尔始终觉得自己曾烦恼的事情都是大事，但自己感觉快死掉的时候，这些事情看起来是多么荒唐与渺小。摩尔意识到了自己的错误，他向自己发誓：如果还有机会见到太阳和星星的话，就永远不会再为小事而烦恼。

人们常常会为了很小的事情而烦恼，但是，一旦自己的性命受到了威胁，他们会想到，自己曾经烦恼的那些事情根本就不值一提，活着才是最重要的。摩尔在过去的那么多年里都没有明白的道理，却在一次意外事故中明白透彻了。或许，对我们来说，付出如此的代价去明白一个道理实在有些冒险。那么，不妨放下自己心中的忧虑，也不要再去为小事而烦恼了。

卡耐基告诉我们一些心理法则："生命太短暂了，不要再为小事而烦恼了；对必然的事情、情况的承受，就像杨柳承受风雨、水接受一切容器一样。当你开始为那些已经过去的事烦恼的时候，你应该想到这个谚语：'不要为打翻了的牛奶而哭泣。'当你害怕被闪电击倒，怕所坐的火车翻车时，想一想发生的概率，会把你笑死。要懂得闲暇时抓紧，繁忙时偷闲；如果你以生活来作为支付烦恼的代价，支付太多的话，我们就是傻瓜。"这些法则可以令我们轻松地卸下心中的包袱，从而变得快乐起来。

吴太太结婚多年，可8岁时失去父亲的阴影似乎一直在影响着她的生活。她总认为，现在的生活并不开心。她不是朝九晚五的上班族，而是自己经营了一家小店。她遇到事情容易烦恼、发脾气，和老公相处也不是很融洽。

她说："因为经济压力比较大，结婚后两个人经常为小事闹矛盾，我觉得他不是很了解我，虽然吵得不是特别严重，可是经常为小事烦恼，让我觉得很烦。"一开始她还会和老公争吵，发展到后来，她连话也不愿意多说了，有时甚至一天都不说话。

她觉得，这一切与自己小时候遭遇的变故有关。自己8岁的时候，父亲去世，不久后母亲改嫁。她这样说道："受大人的影响，我从小就很烦恼，现在也一样，一件事情会想得很远，头脑整天都在转。"

有时候，我们烦恼的根源可能是童年时期的阴影，但无论我们是出于何种理由烦恼，这样的状况都应该停止。因为生命对于我们来说太短暂了，当我们渐渐步入中年以后，那种早晨刚睁开眼，转瞬间已近黄昏的变化会让人感到恐惧。试想，既然生活中有那么多美好在等待着我们，我们又何必去为一件小事而烦恼呢？放下心中的忧虑，做一个快乐的女孩，如此，你才能紧握幸福。

后记：做一个超凡脱俗的女人

从十六岁一个人独立生活开始，三十年的人生经历告诉程普：

在这世上，漂亮的女人有太多，然而，精致的女人却并不多见。漂亮的容貌是一种让人无法忽视的魔力，但这种魔力并不能等同于魅力。在漂亮和魅力之间绝不能单纯地划上等号，因为漂亮的女人不一定有魅力，但有魅力的女人，一定会给人一种漂亮的感觉，那是一种内涵，一种气质。

曾经以为，精致的女人是天生的，风姿妖娆，容颜姣好，就连举手投足之间，都不失端庄典雅。

后来才明白，女人的精致优雅，并非天生，而是修炼而来的。

有一句话叫作：没有丑女人，只有懒女人。

做一个精致优雅的女人，就要像花儿一样活着。每天晨起，不论天空是晴空万里，还是乌云蔽日，都不要忘了站在镜子前，给自己一个从容的微笑。人生难免阴晴圆缺，心情可以低落，但积极乐观不能少。

做一个懂得装扮自己的女人，人们常说，女为悦己者容，我却认为，这世上没有谁是谁永远的观众，就算没有悦己者，也要为自己而容。

无论是发型的选择，还是衣服的搭配，甚至是鞋子的颜色，都应该是一个追求精致女人需要在意的细节。所谓下得厨房，自然也要上得厅堂。

我的父亲曾对我说，形象，是一种礼仪，出门不修边幅，不仅仅是对自己的忽视，更是对别人的不礼貌。从那时起，我就要求自己必须做到：不着妆容，不得出门。时间久了，学会淡妆，就形成了一种习惯，并上升为一种生活态度。

是的，精致优雅，它就是一种生活态度。

所谓着妆，并不是胭脂俗粉，浓妆艳抹，只需清新淡雅，给人一种良好的精神状态即可。倘若出门前犯了选择困难症，一时难以抉择穿哪套衣服最合适，那就穿你平日里感觉最合适的那一套。这世上本没有绝对的好坏之分，所谓最好，莫过于适合自己的。

精致的女人，应该像花儿一样活着，温暖向阳，经得起风雨，受得住恩宠，耐得住寂寞，守得住时光。不仅要有花儿的美丽，还要有梅花的坚强，菩萨的胸怀，以及莲花的智慧。如此，才能有如花的人生。

当然，精致优雅的女人绝对不是一个仅有金玉其表的花瓶。

精致优雅的女人，懂得自我欣赏。它是由理智与客观的认识，而引发出的一种自信。自信是一种气质，它会使女人在为人处世上从容、平和、知性、大气。

精致优雅的女人，必定懂得充实自己。作为女人，没有什么都不能没有思想，思想体现一个女人的内涵。这是成为一个精致优雅女人很重要的一条。你可以没有工作，但不能没有理想；你可以没有足够给力的经济来源，但绝对不能失去提升自我价值的动力。光有外表的女人不过是昙花一现，唯有内在，才是一个女人耀眼的坚实后盾。

依旧是父亲，他因工作移居国外好多年，在移居国外之前对我说过一句话："如果你会想念我，那就答应我，以后的日子，每天都不要忘记读书。"

时至今日，我铭记在心，但我感恩父亲大人对我的谆谆教诲。想要成为一个如莲花一样的精致优雅女人，必定是一个懂得时时为自己加强

营养的女人。当然，也不仅仅是单纯的读书，欣赏一部好的电影，翻阅一些正能量的杂志，旅游，交流，都是汲取营养的渠道。

　　岁月，会成就最好的你。得体的装扮，优雅的举止，丰富的见识，由内而外散发的文化素养，以及你做人的原则，秉承的信念，都将成就你炫丽精致优雅的人生。

　　芸芸众生，尘世万象，相信自己依旧是那独一无二的精彩。无需模仿别人，只要将自己的人生，绽放成一道独特的风景，自己就是一个超凡脱俗、精致优雅、知性高雅的女人了。

　　是为后记。

程普

2018年3月29日

参考文献

[1]孙朦.做个有修养提高气质的女孩[M].长春：吉林科学技术出版社，2014.

[2]高境.提升女人修养的100个细节[M].北京：中国妇女出版社，2012.

[3]咖啡猫女.女人修养全攻略[M].北京：中国纺织出版社，2010.

[4]李玲瑶.女孩的成熟比成功更重要[M].北京：北京大学出版社，2011.